后浪出版公司

ZART IM
NEHMEN
Wie Sensibilität
zur Stärke wird

高度敏感
的力量

［德］卡特琳·佐斯特　著

Kathrin Sohst

魏萍　译

四川人民出版社

目　录

第一部分　高度敏感：人们有多脆弱

第三部分　策略和启发：是什么让敏感的人变得强韧

前　言

　　你手中的这本书，是为内心柔弱与内心坚强的人而写的。它既敏感又挑衅，既感性又客观。它旨在为你提供信息，给你鼓励，激发你的积极性。它能使你充满勇气地开创自己的新道路。它倡导人们接受自己和他人——不论是温柔的人还是强硬的人。它的主题是：高度敏感＋强韧性。

　　这并不是一本心理学手册，而是一杯混合了客观信息和真实案例的灵感鸡尾酒。它能为你提供实用的建议，让你变得更加强韧。它还是一本源自日常生活的情感工具书。这是一本伴你走向细致强韧人生的书籍，它为你提供实用的建议，拓展新的视野。你可以从头到尾阅读本书，也可以随手乱翻，或者干脆凭直觉，随便从哪里开始阅读。你如何阅读本书，也取决于你目前的处境。针对三种不同的情况，我们给出了如下建议：

　　情况 1：你脑中有成千上万个疑问，刚刚发现自己是一个高度敏感型的人？本书的第一章会简练地为你介绍与高度敏感人士相关的信息。

　　情况 2：你已经了解了高度敏感这种现象，并且对其他人在日常生活中的感受感到好奇——他们是如何与自己的柔弱共处的呢？那么我向你推荐本书的第二章。这一章中有很多日常生活中的实例。在这些案例中，高度敏感的人们讲述自己在某些特定的场景中遇到了什么，是如何处理的，以及从中学习到了什么。如果你也属于高度敏感人士，那么你不仅经历得比别人多，感受也更深刻。你可以从容不迫地消化、吸收这些感悟。为什么要这样做呢？答案很简单：这样你才能接受自己和他人原本的样子。用兴致代替失意，总是比一直与真实生活做斗争要好。而且，即使你已经不再"与世界为敌"，你也还是会对自己遭遇过的挑战产生高度的感知。

情况3：你已经对"高度敏感"这个概念有了一定的认识，并且采取了一种或多种方式来应对？那么你就可以看看第三章了。这一章介绍了可以让高度敏感的人变得强韧的资源、策略等。请你运用它们，允许那些对你有益的事物融入你的日常生活中。这样，你才能让敏感与强韧共存于你的生活中，达到自己的目标，不必再苦苦求索。

本书涵盖了爱、敏感、移情和反思，还有换一种视角看问题的勇气。这本书并非出自心理学家之手，也不能代替心理治疗。如果你感到自己无法独立解决问题，那么我建议你去寻求专家的帮助。我是以一个高度敏感者和信息提供者的身份来写这本书的。对于我来说重要的是，让读者找到勇气，活在当下，坦诚地对待自己和他人，对自己和自己的幸福负责。对于我来说，写这本书的目的是向大家分享我的知识和经验，启发读者批判性地看待社会惯例。我想向大家介绍高度敏感这种现象，为大家应对高度敏感提供两种不同的视角。想要更多地了解本书作者的人，会从这本书的字里行间体会到，它是一本极为个人化的书。然而，我也无法书写除此之外的东西。对于我来说，没有亲密感、真实感和情感是不行的。你呢？

温柔的开端：高度敏感的信息

敏感和强韧？听起来好像是一对反义词——就像水与火、甜与咸或者光明与黑暗。二者应该如何共存？谁会乐于承认自己很柔弱呢？谁会把柔弱当作是有价值的呢？它能在一天 24 小时里都派上用场并产生效果吗？表现出自己的弱点可不是一个好主意。我们不得不承认：敏感一点也不性感。或者，正相反？过分的敏感会被视为不专业，过于情绪化（尤其是在职场中）。生活并不简单，只有强韧的人才能生存下来。觉，等死了再睡也不迟。生活就是这样。否则，那些强硬的人也就不会用这些词句向我们开炮了：

- 你不用把所有事都记在心上。

- 别这么爱装模作样！

- 你也太敏感了吧。

- 别胡说八道了！

- 你可真难相处。

- 你脸皮别这么薄行吗？

- 算了吧。

- 别老钻牛角尖了！

- 振作起来吧！

- 你得调整自己适应环境。

·你能不能别动不动就哭哭啼啼?

·不要太较真儿嘛。

·勇敢点儿。

·放轻松!

·你得更实际点儿。

·真扫兴!

·那只是你自己臆想出来的。

·你为什么这样呢?

·你怎么知道的?

·你这真是活见鬼了! 自找麻烦!

·不要像含羞草一样敏感!

　　这些话你听起来是否耳熟? 或者你跟某人说过类似的话? 我对其中几句非常熟悉,因为常常亲耳听到。其他几句是我对敏感或高度敏感人士进行采访时听到的。言语的威力非常大,就我而言,言语有着武器一般的杀伤力。它们会留下伤口。如果我们在童年时代就经常听到类似的话,那么它们肯定会对我们造成一定的影响。敏感的孩子们能感受到,自己的需求和其他孩子的不一样。

　　今天幼儿园举办了狂欢节。阿图尔紧紧抓着他最喜欢的幼儿园阿姨的裙角。他需要可以依靠的人,因为今天的每件事都和以前不一样了。到处都很吵闹,所有人都很兴奋地忙来忙去。当一只漂亮的红色气球突然爆炸时,这个小男孩儿明亮的大眼睛中充满了恐惧,并且开始大哭。他刚刚开始的童年生活就在这时四分五裂了。他就是不能理解,为什么其他孩子那么喜欢狂欢节。此刻,他宁愿待在家里。

一个高度敏感的孩子会不断经历类似的场景。随着我们长大,我们也会见识到他人的不理解和"炮火一般的言语"。不知何时还会产生一种自己是异类的感觉,此外还有一个让人讨厌的家伙,这个混蛋名叫"自我怀疑"。

许多高度敏感的人都觉得自己是唯一一个有这种困扰的人,因为其他人多半都能轻而易举地解决这些问题。接下来这种感觉会继续发展:高度敏感人士的自我价值感开始瓦解。即使我们在中小学、大学以及工作中为自己定下目标,并历经困难达成了它,这种自我价值感也不会随之增长。当我们感到挫败时,它就更不会增长了。哪怕得到别人的认可,我们也会体会到一种微妙而奇怪的意味。我能想象,要是我们在生活中遇到的那些人了解了我们的内心想法,他们会有多吃惊。因为面对外界时,高度敏感的人可能会表现得小心谨慎、谦虚克制,却还能自信地走下去。他们中的许多人都很有教养,在一对一或小团体中是很优秀、有趣的聊天对象。他们有上进心,懂得站在别人的角度思考问题,是很好的倾听者。在和别人相处的过程中，他们的举止总是很得体，不会让人感到不舒服。他们为了维持和谐的氛围不惜一切代价，也不会主动挑起争端。但是情况也有可能完全相反：这些高度敏感人士会感到很不舒服。因此，某些紧张的、大声说话的，甚至具有攻击性的人很可能隐藏着一颗敏感、脆弱的心——它只是被持续的过度刺激掩盖住了而已。

在孩子成长为成年人期间，有很多细节可以说明高度敏感人群的另类性。在上小学时，他们永远都在跟讨厌的同学做斗争，因为这些讨人厌的家伙总是喜欢惹别人生气。青少年时期他们会受到同学的愚弄，对他人感到非常失望。高度敏感的人在自己周围建立了一堵保护墙，因此会被人们视为"傲慢自大"。由于我们非常注重共鸣，喜欢和那些尊重我们的人相处，因此除了三五好友之外，老师就成了我们的盟友——我们通常会不自觉地这样做。与许多同龄人相反，我们能"正常地"和成年人交流。而其他同学和老师的交流方式，在我们看来大多是非常可怕的。毕竟老师也是人，又不是怪兽。在最糟糕的情况下，其他学生可能会因此故意欺负我们，比如在走廊里见到我们却不打招呼，见到我们犯错就小声嘲笑或者在学校刊物上给我们取名字叫"年度书呆子"——其中自然隐含着不欢迎的意思。这究竟是为什么？很久之后我们才恍然大悟：我们基于共鸣与老师融洽相处，在其他人眼中就是"拍马屁"。

另外一个主题是聚会和歌舞厅——意味着吵闹的音乐、酒精甚至还有毒品。一方面，聚会是一个好机会，我们可以学习如何与外界强烈而密集的刺激共处，肆意放纵一次来展现自我，并且发现，我们不需借助某些事物来融入这个环境，可谓一举多得。另外一方面，为了不让一起参加聚会的朋友扫兴，我们需要耗费很多精力。那么问题又来了：为什么在其他人玩得很尽兴时，我们却觉得力不从心呢？为什么我们的喜好和大多数同龄人都不一样呢？

于是，下一个问题接踵而至：人际关系。这对于高度敏感人群来说是一个非常困难的领域。总是有人被我们吸引，因为许多敏感的人都具有移情的能力，有时候甚至可以在朋友自己意识到并表达出来之前感知朋友的心意。人们喜欢被感知、被理解。但是也存在很多不被人们喜欢的方面：两个人关系过度亲密，随着感情和思想交流的深入，这种关系会带来过重的压力。我们过度介入另一个人的世界中后，甚至会经常忘记自己的存在。在一段双方都很认真的关系中，事情可以进行得慢一些。主动沟通的人就能获得先机。在生活的"狂飙突进"时期，"无拘无束的"婚外情和恋爱关系占有一席之地，这种过度亲密非常消耗精力，它会霸占你处理生活中其他重要事情的精力——例如培训、上大学或者工作，这些都与自我存在感息息相关。

现在我们已经可以开始谈论下一个话题了。你是否熟悉这样的场景：你满怀激情地开始一个新的工作，打算尽自己所能大干一场。然而好景不长，你突然间变得经常生病，并且开始犯错。这是为什么呢？可能的原因有很多：开放式的办公室、没有可以自主决定的休息时间、工作进度带来的压力、不良的工作氛围、对目标或任务的意义产生的怀疑、自己的完美主义、他人的轻慢、自顾自强硬地对我们提出要求的同事。此外，还有私人生活中的各种挑战。

这是怎么了？为什么很多高度敏感的人都会回想起这类情景？其实很简单：高度敏感这个话题很长时间以来都不为人们所知。现在，我们有机会去改变这种状况了。这种高度感知和深层感受已经有了明确的名称。高度敏感研究之母伊莱恩·N.阿伦（Elaine N. Aron）在19世纪90年代出版了一本书《天生敏感》（*The Highly Sensitive Person—How to Thrive When the World Overwhelms You*）。在德语区，据我所知，格奥尔格·帕洛（Georg Parlow）在2003年出版了他的书《温柔地上弦》（*Zart Besaitet*），并以此开始这项研究。当我第一次在书店中看到这本嫩绿色封面的口袋书，并且开始读它时，我的生活便发生了改变。现在我知道，第一次听说这个现象时，许多高度敏感者心里都有这样的感受。

了解"高度敏感"这一概念的瞬间，很有可能是每个人生命的转折点。

很多人因此对自己有了新的认识，并且能接纳自己了。这对于女性来说可能更容易一些。因为很多人都会这样想：敏感的男性真的存在吗？然而事实是，女性中具有高度敏感特质的人的比例和男性是一样的。

尽管针对高度敏感这个话题的研究才刚刚展开，但是高度敏感者的反响证明，伊莱恩·阿伦做出了杰出的贡献。那些意识到自己具有高度敏感特质的人，大多在第一时间感到松了一口气。因为认识到这一点意味着：我不是一个人在战斗！还有人面临着类似的问题。然后，问题、怀疑和不舒服的感觉就会接二连三地浮出水面。至少对我和我采访过的人来说是这样，突然间就有许多要消化和理解的事情。就我而言，只有正视自己的痛苦才能进步，要让自己明白哪里发生了阻滞。而正视自己的痛苦，在幸福研究者埃德·迪耶内（Ed Diener）看来也是最好的处方。因为，幸福的人并不会压抑自己的痛苦，而是会正视它们："通往幸福的路并非绕过了痛苦，而是穿透了它。"如果不这么做，我们就有可能落入把自身不幸归因于外部环境的陷阱中。

似乎所有事情（无论是重新消化过去的经历，还是面对那些对我们施过压的人）在高度敏感者眼中都会变得更严重，而在一般人眼中则不然。我们必须要学习我们从未学过并且总是在逃避的东西，也就是如何处理矛盾。哪怕这对于敏感的人来说是一种挑战，直面矛盾并且解决矛盾也是值得做的。因为从总体来看，逃避矛盾才是更大的问题。试想一下，矛盾的冰山每天都在增高，不知道哪天就会发生雪崩——这是多么大的压力啊！

埃莉诺·罗斯福（Eleanor Roosevelt，人权主义者、美国外交官、美国总统罗斯福的夫人）曾经写道："每一个强迫你停下来直面危险的经历都能让你获得力量、勇气和自信。你也必须明知不可为而为之。"

正视自己的高度敏感性也意味着，清楚地辨认哪种挑战有可能阻碍我们发展。只有这样我们才能挽起袖子迎接挑战，面对自己和他人这件事才能变得更简单一些。要想达成这样的目标，关键是要持有正确的态度，即："我很好，你也很好。"

在变得更强韧的路上，我们还应该理解这样一句话："不管你做什么，不管你怎么做，总会有人批评你的。所以，请做你想做的事，请做你自己。"这句话出自对女企业家，Heartleaders 网站的创始人卡琳·乌普霍夫（Karin Uphoff）博士的一篇采访，它说起来容易，做起来却难。因为大多数人是社会性的动物，有融入社会的意愿。只要我们弄不清楚是什么使得自己特殊，我们终究会迎合主流的做法，而这些做法通常都不适合高度敏感人群。让我们感到受伤的情况也会越来越多。

但是要想清着！地球并非仅仅围着那些敏感的生物运转——肯定也有很多人由于我们的敏感而受到了伤害。老板感到吃惊，他不明白为什么我们一开始勤勤恳恳工作，也取得了一些成果，后来却突然递交了病假条，甚至是辞呈。我们常常在不经意间伤害别人。我们之所以默默疏远一些朋友，只是因为我们没能力介入矛盾，同时想避开消极的情绪。在逃避那些会给我们带来伤痛的状况方面，我们是大师……

明白自己是个敏感的人，这是一回事。另外一件同样重要的事是：那些行事作风强硬的人，他们的敏感等级是"一般"。我们不能期待他们能够了解，闻到、尝到更多味道，拥有更多、更强烈的感受，是一种怎样的体验。他们也从未体验过，稀松平常的一天是如何被突如其来的刺激淹没，甚至土崩瓦解的。不那么敏感的人们其实很简单，他们并非愚钝粗鲁，不顾及别人的感受。他们只是体会不到脆弱的人是什么样的。就像我们不知道不那么敏感的人是怎么生活的一样。强韧和柔弱一样，都是常态。

对自己的敏感负责，很显然需要一定的勇气。但是这样做是值得的。为了打破过度刺激、压力甚至疾病之间的循环，要做的第一步是了解自己是高度敏感的人。再加上一些反省、悲哀、气愤、想要改变的愿望以及一点点对生活持肯定态度的乐观主义，在几周、几个月或者几年（由于每个人年龄和出身的不同，会存在个体差异）之内，我们就能形成良好的自我价值感。由于生活随时准备好压制敏感者，因此一些敏感点是难以被改变的，这使敏感者感到痛苦，所以我们会渴望长久的坚强。我们之所以希望自己变得强韧，是为了伴侣和孩子，事业和朋友，以及其他对我们有影响的事物。

适应环境和自我诋毁总是没有意义的。因为这样会让我们失去了解自己的机会，也会让不知敏感为何物的人们失去了解我们的机会。让我们停止隐藏自己，开始展示自己原本的面目吧！不要把注意力集中在我们所经受的挑战上，而是着眼于发现我们的强韧之处，并在生活的舞台上展现出来。究竟要怎样才能做到这些？做到了又有什么好处呢？我写这本书就是为了解答这个问题，这些答案都来自高度敏感者的日常生活，他们都成功地把自己的注意力集中在生活的美好和自己的强韧性上了。

我希望激发你的勇气，并且唤起你心中想要进行改变的欲望。你高度敏锐的感知力具有好的一面，请你给它更多的空间吧！请你多关注你的强韧性，以及那些让你变得强韧的因素。而且在生活猝不及防地向你发起挑战，使你完全失去优势时，你也要坚持这样做。我始终坚信：相信自己的高度敏感是一件好事，它让我感觉很舒服。同时我也需要勇气，不停地寻找能让我与自己更好地相处的道路。独立抚养两个孩子并不总能给我一种在轻松愉悦的夏日里散步的感觉。当我真诚地面对自己，接受自己，关注自己的需求，让自己变得更强韧并保持下去时，我就达到了自己的目标。

这本书的目标就是为你扫除前路中的障碍，让作为一位高度敏感者的你可以坚强地面对生活，并为你提供信息、故事以及能使你变得强韧的建议。我祝愿你在阅读时收获快乐，发现强韧的自己，并且期待你的反馈！

高度敏感：人们有多脆弱

1

我高度敏感吗？

　　高度敏感，到底是什么呢？我高度敏感吗？高度敏感意味着什么？我要如何处理？有针对高度敏感的"诊断"吗？高度敏感是如何影响我们的生活的？我身边有比别人更敏感的人吗？这一连串的问题都非常重要。因为，首先你必须知道高度敏感这一现象，才能弄清楚自己以及身边的人处于哪一个敏感等级。这是进入高度敏感且强韧生活的第一步，不论是与自己还是与伴侣、家人抑或是职场和社会上的人相处。

　　尽管针对高度敏感这个话题的研究开展的时间并不长，但有一点可以确定：一些人拥有更敏锐的感知力，这对每个人都有影响。因为不管我们柔弱还是强韧，如果我们想在互相尊重的前提下相处，就需要了解高度敏感性。

所有人不都在一定程度上敏感吗？

我们查一下《杜登德语大词典》（*Duden*）就会发现，"敏感"这个词指的是一个人的敏感性。那么问题就来了：我们可以"敏感地"在这样一个社会中生活下去吗？在我们的社会中，无法在普遍意义上的规则和成就中生存下来，似乎与能力不足和失败招致的社会地位下降是一回事？答案好像是唯一的：敏感的人根本不适合生活在这个世界上。但其实也有适合的可能？请你允许我们赋予这个话题一些轻松和信任，从另外一方面来看待它：医学家使用"敏感"这词的时候指的是机体和神经系统的某一部分对刺激和疼痛的敏感性。维基百科指出，在生理学和感知心理学中，"敏感"这个词的意思是指所谓的第五感觉，也就是皮肤的触感。因此，敏感指的是让我们历经上万年生存下来的一种能力。如果没有它，人类这个物种早就灭绝了。

因此拥有敏感这种能力是完全有意义的，而且我们应该花时间去感知自己的内心。

是什么伤害了我？我哪里受伤了？我为什么受到了刺激？当我们对自己诚实的时候，所有人或多或少都有一些敏感，而且我们之中的一些人还是高度敏感的。

你如果和我一样属于高度敏感人士，或身边有感情细腻的人，那么就没有别的选择了。我们只能正视问题，处理已经存在的感觉。因为我们的敏感面越少地得到倾听，就会在内心深处呐喊得越狂野。众所周知的典型表现有：持续的压力、疲惫、精疲力竭、失眠、心理疾病以及职业倦怠。近几年来，这些关键词充斥着各种媒体，也出现在我们认识的人之间。或许你甚至亲身体验过这种身体和灵魂都不工作了的感觉。根据医疗保险机构每年的研究结果，原本于职场和社会中无处不在的那些针对高度敏感人群的敌对声音已经逐渐停下了不断增长的脚步。是时候关注我们柔弱的一面，给我们的健康更多空间了（这不仅针对高度敏感者，还针对那些一般敏感的人）。

高度敏感的现象

目前我们采用的定义来自心理治疗师、大学教授伊莱恩·N.阿伦博士，她是高度敏感研究领域的先驱。她发现，高度敏感者一出生就拥有一种特殊的神经系统，它使他们拥有比其他人更深入地感知并且处理内部以及外部刺激的能力。这里说的是一种具有遗传性和变异性的特性，约占全部人口的15%~20%。在性别的分布上没有什么区别，男性和女性中高度敏感者所占比例是一样的。

目前神经科学家们还未对此进行明确定义。因为高度敏感不是一种病，而是一种特质，你不会得到医生或心理学家的"诊断"。除此之外，阿伦并不是第一个遇到高度敏感这种现象的人。俄罗斯的科学家伊万·巴甫洛夫（Ivan Pavlov）在阿伦之前就做过听力刺激的测试。他想要测试出人类能忍受的疼痛极限值。他得出结论，参与测试的人中15%~20%的人比其他人更早达到疼痛极限。

高度敏感：概念及定义

研究者们和作家们至今都没能在选定概念方面达成一致意见：是使用高度敏感（Hochsensibilität）、超敏感（Hypersensibilität）、高度感性（Hochsensitivität）还是过度感性（Überempfindlichkeit）？这些概念相互交织，在某些情况下可以通用，在另一些情况下又有区别。"高度敏感"这个概念是应用得最广泛的，维基百科也选用了这个概念。在各种媒体中更常出现的是"超敏感"这个概念，它含有一点引起注意力的意味。"高度感性"这个概念源于美国心理学家，高度敏感研究之母伊莱恩·阿伦。与它对应的英语概念是"感官处理的敏感性"以及"高度敏感的人"。英语的"Sensitivity"一词在德语中既可以翻译成"Sensibilität"（敏感），也可以翻译成"Sensitivität"（感性）。也有一些作家和导师在使用"高度敏感"这个词，而他们指的是"高天赋"，他们在描述所有外在感官的感觉时，会使用"高度感性"，也就是我们所说的心灵手巧，耳聪目明。

尽管"高度敏感"这个词会让有些人反感（比如男性普遍更接受"高度感性"这个词），我还是决定在这本书中使用高度敏感这个概念。理由很简单：第一，这个概念被使用的范围最广，维基百科以及高度敏感协会都使用了这个概念；第二，我习惯了使用它。对我来说，比选择合适的表达方式更重要的是，专注而实际地向读者展现高度感性这种现象的概况。除此之外，我还会使用两个概念的缩写"HSP"和"HS"。它们分别代表"高度敏感的人"以及"高度敏感"。

我有多敏感？

自从 2008 年第一次关注高度敏感这个现象开始，我经历了很多事。高度敏感这个现象变得广为人知。这很好。当我说"我是高度敏感的大使"时，很多人会充满好奇地看着我。大部分时候我马上就会听到人问："高度敏感？那是什么？"提问的通常是那些比较温和的人，因为他们觉得这个词对他们有一种神奇的吸引力，并且这个答案他们已经寻找很久了。渐渐地，那些非高度敏感人士也开始关注这个话题。这是一个好现象，因为仅仅有高度敏感人士的关注是不够的。对于人力资源师、企业家、领导、心理学家、医生、未经国家考核但具有行医资格的治疗师、教育工作者、导师、教练等群体来说，这个现象也是有重要意义的。这与价值衡量、强韧性导向、资源、招聘和健康有关。这些主题的重要性在当今社会和经济领域中与日俱增。

我是如何知道高度敏感这个话题的呢？是因为看到了前文提到过的格奥尔格·帕洛的一本书：《温柔地上弦》。当我开始读它时，我震惊了。因为这本书明显是在讲我的事，也为我认识自己开启了视角。这本书解答了我长久以来的疑问，它成了我生命的转折点。我的"另类"终于有了合理的解释。更重要的是我产生了这样的认知："我不是孤独的一个人！还有很多和我一样的人。"这个想法让我很开心，尤其15%~20%的高度敏感人士其实是很大一个群体。属于这个群体的人的状况可能瞬息万变，特别是当高度敏感这个话题提上议事日程时。相反，"一般"敏感的人可能会感到自己根本没有被顾及。

高度敏感信息研究联合会（IFHS）主席迈克尔·杰克（Michael Jack）把产生这一认识的时刻称为"山脉效应"。此时不仅仅是自己心里的一块大石头落了地，整个山脉也都活动起来——烟雾散去，以往的荒草丛中突然出现了道路。附近的山头也显现出来，它身后的群山也以新的姿态出现在世人眼前。突然某处山崩地裂，整个地貌都发生了变化。人生仿佛发生了新的变化，这一切都让人感到好奇……

发现自己是高度敏感人士后，人们纷纷上网寻找适合自己的测试。他们非常希望可以更好地定义自己。那些从小就感觉自己和别人不太一样的人，心中总是会产生一种向往，即自己能与这个世界和谐相处。在这个问题上，一些方法很有用，比如分类和抽屉理论就能为我们在信息大爆炸的乱象中指明道路，帮助我们清楚地认识自己。高度敏感就是其中之一。它可以解释很多东西，能让人产生归属感和非异类感。在高度敏感领域的测试至今还没有得到科学界的承认，但这一点几乎无关紧要。

自我测试

你想知道自己是否属于高度敏感人士？那么请你来做一个测试吧。"我有多敏感"这个测试的灵感来源于经验，以我所搜集的知识为基础。下面有30个表述，如果你认同某种表达，就在前面打钩。

请在你认同的说法前面打钩。

1. 我的听觉、视觉、嗅觉、味觉、触觉非常敏感，我的感官印象经常使我感到不适。
2. 我最喜欢安静自主地工作。
3. 对我来说，找到自己的使命很重要。

4. 我思考问题的时候会考虑各方面的联系，以解决问题为导向，全面地思考问题。

5. 即使我有兴趣去参加一个聚会或一个大型活动，活动中的人和事也会很快让我感到疲惫。

6. 当我还是孩子的时候，我的思绪经常天马行空。时至今日，我仍然拥有别人无法理解的想象力。

7. 一方面我可以享受生活中美好、精致、温柔的事物，可另一方面噪音、明亮的灯光、强烈的气味、瘦小的衣服以及人群则让我感到无法忍受。

8. 当我感受到过度的刺激时，我会躲到一个安静的地方独处。

9. 能得到赏识以及在与我价值观相符的地方工作对于我来说非常重要。

10. 我的朋友不多，但是关系相当亲密，我们会进行深入的对话。

11. 当其他人刚刚达到最佳竞技状态时，我通常已经精疲力竭了。

12. 我对药物、咖啡、茶、尼古丁、酒精非常敏感。

13. 我比较容易出现过敏反应。

14. 我可以感受到别人的状态。而且我自己的感觉和别人的感觉之间的界限经常会变得模糊。

15. 我需要很长时间来处理自己经历过的事件。有时候我会突然想起以前的一件事，然后在脑海中"回顾"一遍。

16. 我讨厌在一间很大的办公室里工作。

17. 我会避免接触那些包含暴力、死亡和攻击性因素的消息和电影。

18. 只有当我感到我的工作有意义，并且可以发挥我的长处时，我才会在工作中感到舒心。

19. 在我的生活中，公正、信仰、意义、价值、伦理以及灵性很重要。

20. 据我观察，我的心灵和身体对压力、不良饮食、缺乏运动和高压环境的反应比其他人要快。

21. 来自媒体、短信、邮件洪流中的刺激让我很不舒服。

22. 其他人觉得我的观察细致入微，感觉灵敏。

23. 对我个人而言，亲密感和距离感之间的平衡在亲密的关系中非常重要。

24. 我的长处包括有移情能力、直觉和创造性。

25. 我经常可以感受到某个人心口不一，并且大多数时候它们可以在接下来的接触中得到证实。

26. 我可以很快地承担责任，但我只有在自身能力允许的情况下才会接受某一项任务或询问。

27. 当人们和我的价值观、期待不合时，我必须注意，不对他们进行评价。

28. 从小我就觉得很多人不敏感或者不顾及别人的感受。

29. 在突发事件中，我可以保持行动能力，并且能够快速掌控全局。

30. 有时候我可以事先就知道将要发生什么，或者可以不受距离的限制感受到我身边的人遇到了让他不愉快的事。

分析评价

上述情况体现了高度敏感人士的各个方面。你画的钩越多，就越能说明你属于那 15%~20% 的高度敏感人群。和大多数其他人相比，这一人群可以在质量和数量上感受到更多刺激和信息，并且可以更深入地对它们进行加工。

上述每一种说法分别对应某一个对你生活有影响的敏感领域。即使只找到一条符合你情况的表述，那也表示，你在这一点上是高度敏感的，应该关注一下它。请思考，你的高度敏感性有哪些深刻的含义？为了正确认识自身的敏感之处，你可以做些什么？再请反思一下，在这一领域你敏感的感觉是如何给你带来挑战或让你有什么样的天赋的。

重要的是：对于诸如你有多敏感、在哪一方面比较敏感一类的问题加以否认，是没有意义的。因为这样做，其实是拒绝了自己的一部分，外界的刺激会增加，你遭受的压力水平也会上升。因此最好是正视这一切，这样才能保持健康和高效，自处时才会舒服。

高度敏感信息研究联合会认为，如果测试结果表明你是高度敏感人士，那么你最好这样想想：我意识到自己是高度敏感的，这种意识对我有什么影响？测试结果是否有一种"啊哈效应"[①]？我是否在高度敏感这个概念中找到了针对我的特殊之处的合理解释？我还想知道更多关于高度敏感的信息吗？这个测试以及对高度敏感的了解帮助我更好地理解自己接受自己了吗？我的生活充满了正能量吗？我是否更好地理解了我的挑战和长处在何处？当我遇到挑战需要休息的时候，我能否更快地意识到？

另外一种可以表明高度敏感性的情况与文学有关，比如一些描述性格特征的词语：感觉灵敏的、重感情的、善解人意的、高感知力的、感觉范围广的、感觉细致入微的、敏感的、热心的、温柔的、对刺激很敏感的、感官很灵敏的，现在还有"行为上很柔弱的"。如果你有上述性格特征，那么也能表明你属于高度敏感人士。

在线测试和信息门户一览表

www.zartbesaitet.net

该测试就在促进和保护高度敏感人群利益协会的网站上，它和格奥尔格·帕洛的书一起构成了我的入门教程。这些测试十分纷繁，需要精确回答。

www.hochsensibel.org

---

① 指顿悟。——编者注

高度敏感信息研究联合会在迈克尔·杰克的带领下，细致全面地为大家提供了"高度敏感场景"在德国的信息。

www.hsperson.com

这是高度敏感研究者伊莱恩·阿伦创建的英语网页。这里也提供了很多不同的相关测试。

女性是敏感的——男性也是

前面提到，高度敏感不是一种和性别有关的现象。但是在我们的社会中，多愁善感、感情冲动和善解人意这些性格特征更多地被用来形容女性。因此，对于女性来说，处理高度敏感这个话题，积极地看待自己的高度敏感性和多愁善感，可能更容易一些。

但是，高度敏感的男人是什么样的呢？尽管现在男性的形象发生了很大的变化，越来越多的男性敢于尝试新角色，但是在我们的社会中位于重要岗位上的依然是男性，他们把努力工作、权力、执行能力、工作效率、财富、客观性甚至是自暴自弃与"男人味"联系起来。

什么？你说你做不到？懦夫！你还要养家糊口呢，你这样也太不负责任了！

我们不要再自欺欺人了。大多数高度敏感人士都清楚地知道自己每天做了什么。你既不是一个失败者，也不是一个不负责任的人。过去持续了数十年的"传统"男性形象和你本身，和你的感觉、感受没有任何关系。你具有其他的价值——这不也挺好吗！

我想对所有（高度敏感的）男性说：请你接受自己的感受、感觉以及敏感的、与别人不一样的男人味儿。我们的职场正在寻找新的出路，而且不仅体现在工作时间和考勤模式方面，其方案也越来越灵活了。当今社会面临的经济挑战需要靠思想灵活、感觉灵敏、做事认真、思维缜密的人来解决。现在正是时候让新的价值观进入社会，结束"更高、更快、更好、更便宜的方法"以及认为持续的经济增长是解决人类所有问题的方法的错误思想。这对所有人来说都是一个新的开始，对女性来说也一样。

女性也要消除对"勇敢"男性的期待。因为从根本上来说，（高度敏感的）女性不需要那种只知道用暴力解决问题的大男子主义者，这种男人自以为对所有事了如指掌，无法认真对待女性以及她们的计划、想法及感受。女性准备好了承担更多的责任，希望自己的事业有所成就。但是，等到我们有孩子时（甚至更早），我们就需要依靠人际网络了——无论是我们的伴侣还是我们的祖父母、朋友和邻居……如果没有任何人的支持，事情将会难以解决。那些拥有高度敏感的孩子的人，最清楚要找到合适的人来陪伴孩子有多困难了。大多数拥有高度敏感子女的父母都非常清楚，除了陪伴，一个亲密的家庭、安全感、平静和身体上的亲密有多么重要。如果有必要，孩子们一天需要 10 个小时的陪伴。是的，我们需要兼顾事业和孩子。然而，一个问题难以避免：这样做在多大程度上有好处？对很多女性来说，同时兼顾孩子和事业（或者简单地说"工作"）比她们预想的要困难。对于高度敏感的女性来说更是如此——在结束了几个月产假之后，突然结束母乳喂养，重新回到办公室开始全职工作，她们可以放心地把自己很有可能也高度敏感的孩子交给托儿所吗？能带着高度敏感的孩子按照这样的模式成功地生活，并且保持身体和心理上健康的高度敏感女性恐怕非常少吧？无论我们是不是高度敏感人士，都需要设定属于自己的方案。每一个家庭都不一样，每一个生活阶段也不一样。让我们踏上寻找灵活的解决方案的道路，让我们拥有切实灵活地考虑和调整我们的决定和道路的自由——无论我们是否能被邻居和亲戚理解和认可。

男性和女性都面临着重新定义自己角色的任务，而这对于高度敏感的男性来说是一个绝佳的机会。我采访过的所有人都是自幼生活在矛盾（家庭和社会对他们提出的期待与自己敏感的个性之间的矛盾）中的。每个人都找到了属于自己的道路，来面对男性世界的权力争夺，并或多或少地从中找到属于自己的空间。每天都是一场斗争，这场斗争也恰恰给了这些"温柔的"小伙子们一种强韧的内在力量。这种力量不断发展，使他们在职场、家庭以及各种关系中毫无压力地做自己。

高度敏感人士的特征

高度敏感究竟意味着什么呢？高度敏感的特征又是什么？由于高度敏感是一个相对新兴的研究领域，目前为止，还少有明确的心理学定义；而且从科学的角度来看，哪些特征和行为模式属于高度敏感，哪些和它无关，还不明了。移情能力当然不仅仅是高度敏感人士特有的，但是通过观察我们得知，移情能力是很多高度敏感的人所共有的显著特征。

瑞士高度敏感研究所所长、作家布里吉特·屈斯特（Brigitte Küster）指出，所有高度敏感者都共有三个明显的标志：

· 狭小的舒适区域

· 受到刺激后易产生过度反应

· 在接收刺激和信息后，需要很长时间才能平复

一个让高度敏感的人感到舒适的环境，必须满足更多的条件。如果周围没有任何刺激，那么我们很容易感到无聊，而当我们进入正常的生活环境时，就又会面临过度刺激的危险。

尽管自身很敏感，但还是想在生活中变得强韧——这是很多高度敏感者的愿望，但是他们灵敏的感觉却总会成为他们的负担。高度敏感者越是对自身情况知道得一清二楚，就越能更好地理解自己和他人。对自身灵敏感觉的困惑也可以渐渐转化为让生活变得有趣的因素。

与高度敏感有关的特征一方面是有好处的，另一方面也给人们带来了压力。

如果我们完全无法回味过去的美好经历，那么大多数时候就只剩下消极的绝望。想象一下，你刚听完一场古典音乐会，散场后搭乘地铁或公交车回家。一群喝醉了的年轻人大声骂着人从你身边经过，整个车厢都充满了酒味儿。坐你旁边的那个男人的耳机里传出低沉的声音。一个女人穿着一件颜色诡异的裙子，正在跟她男朋友打电话，聊天内容涉及他们之间的种种细节，你宁愿没有听到。最多5分钟之后，你刚从音乐会那里得到的感官的满足感就会消失殆

尽，压力即刻蔓延开来。如果我们事先知道会面临什么样的挑战，那么我们就知道在这种情况下，还不如选择自己开车呢，虽然这样做不环保——敏感人士的环保意识总是很强的。但是在这种情况下，关注自身愉悦感受的持久度，做一些对自己好的事，是完全有意义的。

感官灵敏的人

我们通过感官来感知周围的世界：视觉、听觉、嗅觉、味觉、触觉以及我们的第六感觉。它们把我们的生活变成了一场感官的盛宴，深深地打动我们，让一种微妙的幸福感充满我们的细胞。

我们如何看

☺：我们对色彩、形状、协调性有很好的理解，对美丽的事物和审美有突出的感受，对细节很挑剔。

☹：混乱、肮脏、"错误"的颜色及形状，刺眼的灯光很容易对我们造成过度刺激，分散我们的注意力。

我们如何听

☺：动听的音乐、美妙的音色是一种让人产生满足感的体验。

☺：高度敏感者通常都有很好的听力，有些人甚至有超常的听力、良好的节奏感、高度的音乐感和对语言的理解能力。

☹：周围的噪音会分散我们的注意力，哪怕只是很小的声音。吵闹的音乐和重复性的声音很容易对我们造成过度刺激。

我们如何闻和尝

☺：好闻的气味能带来一段让人沉醉的经历。

☺：美食是一种享受，是味觉的烟花表演。

☹：气味、口感或某种黏稠感很容易让我们觉得不舒服，甚至恶心。

我们如何感觉、触摸我们的身体

☺：温柔的触摸让我们灵敏的触觉非常满足，身体的感知是有意识且多样的。

☺：熟练性、协调性、空间感、灵活性、运动机能以及运动能力都非常突出。

☹：对疼痛、炎热和寒冷的感觉更敏感。饥饿、渴和疲惫的感觉会更快地影响身心的舒适感。

☹：粗糙、紧绷的衣服让我们很有压力。

我们如何感受"更多"

☺：我们可以做很好的倾听者，拥有准确的直觉，并且凭直觉判断对错。也可以毫不费力地理解逻辑上的联系。

☺：准确的直觉或第六感让我们可以感受到那些别人感觉不到的东西。我们可以本能地理解非动词性的信号。

☹：相信自己的直觉并且"敏感地"与他人相处是一个学习过程。

上述一览表表明，高度敏感的感官也有一种唤起"要睡觉就必须关灯"的条件反射或者让我们面临另一些挑战的能力。因此，我们身边经常出现让我们感到幸福，但同时对我们有很高要求的人，因为他们的某些习惯或性格很容易令我们敏感的感官不适。工作中的新机会可以让我们的生活更丰富，但也使我们不得不在晚上9点之前上床睡觉，因为只有这样我们才能做到在第二天精力充沛，继续为我们的目标而努力奋斗。或者我们终于来到梦想中的地方度假，但是在假期中我们明白了，虽然在这个过程中有很多吸引人的新体验，但我们却很少能经历真正的放松时刻。在假期结束时，我们拥有了很多印象深刻的、没有体验过的经历，但是却谈不上休息放松。感官带来的灵敏感受既可以是纯粹的深刻的享受，又可能引发强烈的反感、过度刺激或注意力分散。你如果拥有细腻的感觉，就能明白我的意思。也有一些发自内心的幸福时刻，比如在城市的喧嚣中我们意外地听到一只鸟儿在歌唱。但是灵敏的感官也会让我们有这种体验：当我们踏上公交车时，扑面而来一股令人反感甚至是恶心的气味——里面有一个流浪汉，他把公交车当成了他躲避饥饿与寒冷的避难所，而且完全不注意个人卫生。我们尽力尝试控制自己的感官，然而不幸的是，对于大多数嗅觉灵敏的人来说，让人不舒服的刺鼻的气味在几秒钟之内就会成为过度刺激。这个故事告诉我们，高度敏感者在日常生活中有多容易让自己感到压力满满。

你如果经常处在一种容易产生压力的环境中，久而久之就会生病。请你找出容易使你产生压力感的因素，并且尽量避免接触它们。请你思考一下，你的哪种感官尤其敏感？哪些情况是你已经有所察觉的？在哪种条件下你更倾向于调整自己以适应周围的环境？哪种感觉会让你感到舒服？哪些经历会让你感到有压力？有没有一些日子你感到比平时更加疲惫？如果有，那么在这些日子里你都经历了些什么？如果你很了解自己，而且也清楚什么对你有好处，什么没有，那么你就有机会改变日常生活，让自己活得更轻松一些。

对信息的感觉和加工

拥有敏锐的感官并不仅意味着让高度敏感者体会到更深刻的感受。总体来说他们也不得不加工、处理更多的刺激。这些刺激包括声音、视觉印象、气味、味觉感受以及所有作用在皮肤和身体上的外部刺激：热、冷、震动、压力、触摸以及气流等。除此之外，还有所有由于和其他人接触产生的或由媒体产生的刺激。在这个数字化沟通和社交媒体泛滥的时代，这些因素变得越来越重要。因为可以不受视觉、媒体或交流带来的刺激的影响而得以放松的时刻已经变得很少了。除此之外，对于很多高度敏感人士来说，他人的心情也十分重要。这是由于我们拥有移情能力和细腻的心思。它们经常让我们面临这样的任务：我们必须弄清楚我们体会到的究竟是自己的感觉和心情，还是别人的。

DOES 公式

伊莱恩·阿伦用一个公式概括了高度敏感人士的主要特征。

D 代表 "Depth of Processing"，即信息处理的深度。

O 代表 "Easily Overstimulated"，即在受到过度刺激方面，高度敏感的人比一般人更容易也更迅速。

E 代表 "Emotionally Reactivity and High Empathy"，即在感情方面易受触动。高度敏感的人对积极的刺激反应更强烈，对消极的刺激反应更加深刻。

S 代表 "Sensitivity to Subtle Stimuli"，即高度敏感的人也可以感受到非常细微的刺激，而这些刺激是一般人感受不到的。

高度敏感这种现象不仅意味着我们需要加工处理大量的刺激，也意味着我们会深入地进行加工处理。有时候我们会在事件过去几周、几个月甚至几年之后又突然对其进行回顾。可能它原本是个无关紧要的信息，但对当下某些事项有意义。高度敏感者往往很擅长在事物间建立联系。有时候经历或感觉会在不经意间微妙地影响我们。例如，一对吵架的情侣、夫妻或一个伤心的人会在我们的脑海里留下一个持久的印象，仅仅因为我们从他们身边经过时体会到了他们的感受，便无意识地留下了印象。对我们来说，这两种情况中的信息本来是没有什么特殊含义的，但是我们却对这样的信息进行了加工处理。

到目前为止，神经生理学界仍未有能对此进行解释的科学理论。在一次以高度敏感为主题的讲座中，我学到了一个可以简单明了地解释高度敏感人士"加工处理信息"模式的方式。导师兼顾问赖马尔·林根（Reimar Lüngen）是研究高度敏感的专家，受到克丽斯塔（Christa）和迪尔克·吕林（Dirk Lüling）的书籍启发后，他是这样解释这个过程的：

> 每一秒钟有数以百万计的信息涌进我们的各种感官。我们人类只能加工处理其中非常小的一部分。第一道过滤器可以看作是硬件。我们身体的硬件是提前预设好的，每个人的设置都不一样，即有些人的硬件比较"柔弱"，另一些人的则比较"强韧"。这就是一般敏感和高度敏感者之间的区别。第二道过滤器是软件，由每个人自己的经历和经验构成，依照每个人特有的"感觉眼镜"进行过滤。通过两道过滤器的筛选，信息被分配到三个不同的地方。少数信息进入意识中，大多数信息则立刻进入潜意识里，剩余的进入到第三个容器中转站中。至于中转站里的信息，我们的系统会在之后的某个时刻对它进行加工处理。高度敏感者的中转站很快就会被填满，主要原因有两个：第一，我们感受到的更多；第二，可能是因为我们的系统把更多的信息归类为"重要信息"了。

> 这对于高度敏感人士来说意味着什么呢？其实很简单：请

你意识到有这么一个信息中转站。因为如果中转站满了，我们就无法存放一些重要的信息了，此时我们就会时不时感受到过度的刺激——刚刚还在尽情享受聚会，下一秒就想要逃回家了；刚刚还觉得聚会特别棒，突然间就连说一句完整的话的能力都没有了。出路就是：弄清楚信息中转站被填满时自己的感觉，了解自己发出的警告信号。突然感到疲惫？你尽管刚吃过东西，还是有饥饿的感觉？注意，这就是你身体受到过度刺激而发出的警报信号！你的信息中转站正面临这样的危险。就我个人而言，如果我的信息中转站将要被填满，我会出现不想进行社交的感觉。如果我的中转站发出满了的信号，那么当我不得不和其他人进行直接交流时，就会突然变得很疲劳。任何其他的刺激，例如重复性的噪音、吵闹的音乐或强烈的气味，都让我无法忍受。你如果也遇到了这种情况，最好是先处理好和自己的关系，不要因为自己不能像往常一样集中注意力工作而惩罚自己。在很多情况下，我们是可以预防出现过度刺激的，比如设置一些休息时间。你如果做不到这一点，或许就别无选择，只能惩罚自己了。我已经学会了如何应对这种情况，因为不管是在工作中，还是在家庭中，生活有时候并不会给我们其他选择。如果我们的身体长期超负荷运转，从不休息，那么说不定在什么时候我们就没法继续做下去了——我们的身体早晚会出问题，这时候我们就不得不因病休养了。谁喜欢这种被迫的休息啊！还是自己主动放松一下比较好。这些休息可以让我们既敏感又强韧地过好我们的生活。当你觉得快到极限时，请你注意一下，在接下来的 24 小时内需要额外休息一下了。

价值观和看法

许多高度敏感者都有强韧的内在价值体系。事物的合理性对他们来说是很重要的。许多高度敏感者都是慢性的"敏感症"患者和"寻找意义病毒"的长期携带者。他们一直在试图分析所有的事情。考虑到他们有如此丰富的感受，结构框架自然是不可缺少的，他们会自觉地把自身的经历归类到自己的价值体系中。下面的清单为我们提供了一瞥高度敏感者价值观的机会：

- 诚实和公正
- 环保意识、与大自然的亲密关系以及对其他物种的尊重
- 为创造一个更好的世界而努力
- 找到自己的使命并且带着使命生活
- 认真、仔细、一致性以及逻辑
- 对任务、计划和忠诚的认同感
- 对新事物的开明
- 对事物之间的联系、背景以及内幕的理解
- 义务和责任感
- 可靠和责任
- 和平、和谐以及团结

你在上面的清单中找到了对于你来说也很重要的价值观吗？如果答案是肯定的，那么，就更需要了解下面的三件事了：

- 请你对你的价值观负责。请你为自己创造一个环境，在这

里你可以和你的价值体系和平相处，也可以把它们继续传递下去。

· 请你同时了解，你的价值观会使你对自身以及身边的人产生很高的要求。

· 这个世界上有很多人并不认同你的价值观，你要和这些人和平共处，而不是对他们进行评价。

对特殊的价值观负责，在我们这个社会有可能会带来特殊的挑战。

· 我们徜徉在一个充满各种可能性的海洋中，会对很多事情产生兴趣。需要注意的是，请你不要为了无所谓的小事浪费精力，你应该盯紧自己的目标，一步一步地接近它。

· 如果我们每天都期待这个世界按照我们的标准来运行，那么我们就会经常感到失望，觉得自己受到了不公平对待。高标准是好的，但是追求完美的人会摔得很惨。注意避免让我们的心灵受到伤害！

· 对我们来说，看透事件背后的真相是一件很容易的事。但是你应该明白，对于你身边的很多人来说，他们不知道该如何面对真相。那些敢于大声讲出真相的人，也必须要能够面对拒绝和批评。

· 对意义和使命的追求通常会让你的人生道路变得坎坷不堪。你需要耐心和毅力，因为对那些坚持要为自己的价值观负责的人来说，要在生活中找到一席之地有时需要很长时间。

社交和情感

在社交时，高度敏感的人经常受到赏识，因为他们可以很快感受到社会环境中的气氛，察觉到微小的变化。团队中的气氛热烈吗？你的同伴看起来精疲力竭吗？女朋友在与你通话时似乎欲言又止，她的心情很沉重吗？练习一下如何敏感而富有建设性地谈论一些问题或者话题是十分值得的。因为这样做我们能够最大限度地在职场和家庭中与同事、朋友、爱人和睦相处，或者为他人排忧解难。许多高度敏感的人从童年或青少年时代开始就很善于与他人聊天，或许是由于人们很信任他们，会把对自己来说很私密的东西托付给他们。我们的脸上仿佛写着：一个善解人意、同情他人、乐于助人、小心谨慎的倾听者……

因此，当我们结识一些人并迅速和他们建立真正充满信任的关系时，因此感到非常开心也是十分正常的。因为高度敏感的人喜欢深刻透彻的事物，表面上肤浅的谈话和闲聊无法引起我们的兴趣，哪怕我们可以在闲聊中收放自如，不受到什么拘束，甚至从中获益。这可能也是我们谨慎择友，宁愿只拥有少量亲密的朋友，而不是很多泛泛之交的原因之一。高质量的友谊意味着人与人之间形成了一种紧密的联结，双方都将这种关系视为一种力量和能量的源泉。

产生于我们自身以及社交中的高密度的情感经历，会导致我们产生深刻的印象、人际关系和情感。虽然我们的内心生活非常丰富，但还是会对一些微小的事物感到开心。因此这种交往就成了一种绝对的享受，但它又需要一种平衡。高度敏感的人很享受独处时光，他们需要自己的私人空间。哪怕是那些外向的高度敏感者也时不时需要独处一下，来消化、加工、思考、分析自己的经历。

关于情感和亲密关系让人舒服的一面，我们已经讲得够多了。那些高度敏感的人，也知道出现下列情况是什么感觉：

- 被情绪左右
- 不管我们是否愿意，眼泪就是止不住地流
- 很难再感到轻松
- 和其他人一同计划活动，却因为过度刺激而放弃
- 所有与你"合得来"的人都好像躲起来了一样，感觉自己生活在一个陌生的星球上
- 由于紧迫的局面以及矛盾，不得不躲了起来
- 过度刺激导致我们变得具有攻击性（之后我们会对此感到非常后悔）
- 事后才发觉自己被利用了，因为没有相信自己的直觉，而是相信所有人都和自己有相同的价值观
- 收到聚会的邀请后，非但不开心还感到紧张
- 遭到了严厉的批评
- 计划被意外打乱，我们原本是准备做完全不同的事的
- 其他人的心情严重影响到我们，导致我们不得不重新调整自己
- 将自身的需求完全隐藏在纷纷扰扰的日常生活中，反倒使自己更引人注意

生活是多彩而深刻的，对于很多敏感的人来说这往往意味着一

个很大的挑战。但另一方面，我们比那些一般敏感的人更能感受到生活美好的一面，并且我们拥有反思的能力——这是我们可以时刻成长并发现别人发现不了的机会的前提条件。认识高度敏感性是最重要的一步。当我们可以识别与高度感知能力相关的标志和特征时，就拥有了掌控自己命运之舵、扬起生活之帆、穿行于风雨之中的前提条件，从而踏上成为一个敏感且强韧之人的征程了。

高度敏感的类型

将高度敏感人士进行分类，能让我们有机会更好地理解自己和他人。如果你和别人不一样，那么你就能体会到，遇到一个和你有相似经历，能深刻地理解你所说的话的人，是一种多么美妙的感觉。我认为在与他人的谈话时，高度敏感的人能对对方的经历感同身受，因为他们可以通过自己的经历理解很多东西。尽管如此，我们对待那些自认为是高度敏感人士的人也不能一视同仁。在高度敏感这个领域有很多不同的范畴，请你阅读后文的内容，并祝你在发现之旅中获得快乐！

高度敏感的几种不同范畴

瑞士高度敏感研究所所长、作家布里吉特·屈斯特把高度敏感分成了 4 个不同的范畴：

· 移情能力

· 认知能力

· 感官敏锐性

· 灵性

据我观察，高度敏感者的关注点并非仅能集中在某一方面。相反，大多数时候是上述几点的综合，某一点可能比其他几点更突出。灵性这一方面把大多数高度敏感者置于最大的挑战面前，因为在过去"灵性"很少被认可，而且通常来说人们很难为自己所感受到的东西找到合适的描述方式，也许还因为对于某些东西来说根本就没有合适的语言来形容。

具有移情能力的高度敏感者拥有设身处地为他人着想的能力。如果有人问他们，他们过得怎么样，他们回答起来可能滔滔不绝，因为他们会把不同的情感和感觉区分得很细。拥有移情能力的人也可以察觉到同伴的感受、房间里的气氛、人们彼此相处得好坏。对于这类人来说最大的挑战就是，要在自己和其他人的感觉世界之间保持一个合适的距离。他们要学会设定一个清晰的界限。

拥有强大认知能力的高度敏感者可以用分析和研究的方式快速精准地思考问题，找出逻辑漏洞。对他们来说，理解和描述复杂的联系是非常简单的。至于他们自己的情感，他们更愿意让它们成为自己的私人物品，而不是向他人展示。那些感情外露的人，甚至会让这一类高度敏感者感到不安。深入研究某一个话题时，对于高度敏感者来说，陈列科学引言、知名学者清单和表格来证明自己的观察和观点是很重要的一件事。

感官敏锐的高度敏感者对感官的刺激尤其敏感。在许多时候，高度敏感者会感受到自己经历了一场感官的烟花表演。他们能看到微小的细节,听到小草生长的声音,闻到微弱的气味,尝到各种味道,他们的触觉也非常敏感,非常温柔的触摸都会给他们带来极度的享受。拥有敏锐感官的高度敏感者的各种感官的敏感程度也是不一样的。

拥有灵性的高度敏感者可以感受到一个大部分人(甚至包括其他高度敏感人士)都不能感受到的"世界"。他们中的很多人都觉得自己被一些神秘的思想所吸引。那些坚信自己信仰的人能在其中找到一个精神归宿。有些人会融入群体中,富有奉献精神地投身于自己的使命,还有一些人则有意识地从教条僵化的宗教中解脱出来,走自己所信仰的道路。

内倾型和外倾型

内倾型和外倾型的概念可以用来描述人们和他们周围的环境之间的关系。最初由 C. G. 荣格(C. G. Jung)于 1921 年提出,这一概念丰富了人格心理学的学说。内倾型的人更多把自己的注意力和精力放在自己的内心世界,他们通常比较文静、谨慎、安静,但是这并不等于羞怯。外倾型的人拥有一种更加开放的姿态,他们觉得在社会群体内部的交流和交往是非常刺激的。他们可能非常健谈、坚定、积极、充满活力、有领导力、热情洋溢、对冒险充满了向往。我们必须了解的一点是:只有极少一部分人属于纯粹的内倾型或外倾型,大部分人是两种类型的混合体。

表面看来,内倾型和高度敏感这两个概念很容易被混淆。然而,内倾型这个概念主要指人的社会行为,重点关注内心世界的巨大需求。与此不同的是，高度敏感的人关注的是对外界刺激的感知以及很容易产生过度刺激这一事实。根据阿伦的研究，我们可以这么说：大约有 70% 的高度敏感者属于内倾型，另外的约 30% 则属于外倾型。

高度敏感者导师乌尔丽克·亨泽尔（Ulrike Hensel）在《斯图加特报》的一篇访问中针对高度敏感者群体中的内倾型人格和外倾型人格有过下列表述："高度敏感者可以在社交时很外向，同时在思考和感觉的时候关注自己的内心世界。"

对于外倾型高度敏感者来说，了解这样一个事实是一种挑战：尽管交往可以给他们带来快乐，但是他们时不时地还是需要安静的独处空间。

至于那些强韧的读者们，我想提出这样一个建议：当你发现周围有这样的人时，请不要感到吃惊——他们在报告或展示成果时还表现得非常好，之后却突然一个人藏了起来，想要安静一下。这对高度敏感者来说其实是非常正常的表现。

高度刺激追求者与高度敏感性

刺激追求者（Sensation-Seeker）和高度敏感一样是由基因决定的。高度刺激追求者表面上是在寻找能给人带来刺激的事物，但绝不代表这些事物一定要有"危险性"。英语单词"Sensation"的含义是刺激，这一点与德语不同。如果一个高度刺激追求者同时也是高度敏感者，那么就会产生一种极端的混合：他一直在寻求下一个刺激，同时又对各种刺激高度敏感，很容易感到过度刺激。有这种个性的人对理想的刺激要求很严格，他们总是徘徊在过度刺激和对刺激的向往之间。极度活跃的阶段过后则是极度渴望逃避的阶段，两个阶段互相交替。高度敏感的高度刺激追求者经常无法理解自己，他们身边的人也很难应对他们这种时而活跃时而沉寂的状态。

高度敏感 = 天赋异禀？

让我们来到聪明人的世界看看，聪明与高度敏感相比更容易测量。"天赋异禀"这个概念有明确的定义，是指先天性的、超过平常的智能，如果用德国通用的智商衡量标准来表示，则是指智商分数高于 130 的人。德国人口中的 2% 属于这类人。那些智商分数高于 120 的人通常在某一方面能力超常，例如语言、社交、逻辑或数学等方面。天赋异禀这个构想的来源是人们在智力上的参差不齐。

由于人类的认知能力会随着时间的推移不断发生变化，所以智力测试也要相应地进行调整。人类的智商值只有在同一个国家的同一代人之间才具有可比性。

那些智商低于或高于平均值的人都需要接受特殊的教育，这是由于教育和学习体系是按照平均水平设置的（先不考虑当下需要进行教育体系改革的事实）。与一些人设想的不同，在这个功利的社会里智力超群并不能确保成功，大多数时候智力超群者的生活并不轻松简单。传统意义上天赋异禀的人会遇到很多可能的挑战。为了让自身智力得到最大限度的发挥，他们需要直观地了解到自己的优点是什么以及哪种学习方法适合自己。对高度敏感人士来说也是这样。人们需要知道自己的潜力是什么，哪种策略能起作用，以及什么可以让自己变得强韧。有些人不经过测试也能弄清楚这几个问题。而对于另外一些人来说，能对自己的能力和天资有更多的了解则是一件莫大的好事，尤其是当他们之前的生活比较坎坷时，了解自己的特征后，他们的生活便迎来了曙光。

高度敏感和天赋异禀有什么关系

那么天赋异禀和高度敏感之间到底是什么关系呢？由于"天赋异禀"和"高度敏感"这两个概念总是同时出现（例如有很多针对高度敏感者以及天赋异禀者的导师和顾问），所以就会让人产生这种印象：二者是有某种联系的。可实际上，二者其实并没有什么明确的联系——并不是每一个天赋异禀的人都高度敏感，也不是每一个高度敏感的人都拥有过人的智商。

根据我自己的经验以及其他高度敏感方面的专家的调查，有很多天赋异禀的人把自己列为高度敏感者。如果一个人同时具有天赋异禀和高度敏感两个特质，那么通常他在上小学时就能表现出来：在完成那些具有挑战性并且具有创造空间的任务时，那些高度敏感且天赋异禀的孩子总能集中注意力，忽视周围的各种刺激因素，并且取得成功。可要是任务太简单了，他们会感到没有必要将全部注意力集中在这上面，此时教室或房间里的其他刺激因素就会变得更加明显，进而分散他的注意力。结论便是：他们在完成复杂的任务时能表现得更出色。

就像之前已经提到过的那样，许多导师的专业是针对天赋异禀者以及高度敏感者的。他们中的一些人，包括女作家安妮·海因策（Anne Heintze），曾批评道：天赋异禀的概念仅仅局限于智力方面，而忽略了情商、超群的运动能力、音乐天赋以及高度敏感性这种非凡的感知能力。他们的批评主要基于心理学家霍华德·加德纳（Howard Gardner）的"多元智力理论"。芭芭拉·谢尔（Barbara Sher），一位美国的女作家及导师，描述了另外一种"天赋类型"：扫描仪（Scanner）。我在查找资料的过程中遇到了几个高度敏感者，他们对扫描仪理论非常感兴趣，虽然这个理论还没有得到科学的证实。根据芭芭拉·谢尔的理论，"扫描仪"指的是那些不满足于一种或几种兴趣领域，对很多领域都感兴趣并不断实践的人。不停地换工作，总是涌起对新事物的兴趣，具有选择恐惧症以及比起专精某一领域更喜欢研究很多话题——这些仅仅是"扫描仪"的几个特征。这一类人很难遵守一般的规则。高度敏感的"扫描仪"能应对更大的挑战，因为他们可以感知更多信息，也就会发现更多新事物。

　　在科学界还有一种很有趣的理论，它将高度敏感以及感性和天赋异禀联系起来。据卡齐米日·东布罗夫斯基（Kazimierz Dabrowski，1902—1980）观察，灵敏的感知能力以及高度敏感是天赋异禀者的特征。但是他对"天赋异禀"的定义偏离了我们所熟知的智力理论。这位波兰籍医生、心理学家、精神病科医生兼哲学家在行医过程中指导过很多艺术家、演员、智力超群的儿童以及青少年。他指出，他们都在追求更好的自己，并且拥有巨大的情感财富。在东布罗夫斯基生活的年代，那些对自己现状不满意，坚持自己富有创造性的幻想的人，经常被医学界视为在心理和神经方面有问题。原因是：他们生活在内心斗争、自我批评和恐慌之中，感觉与他们的理想相比，自己太微不足道了。东布罗夫斯基对这种症状给出了另一种解释。他认为这体现了人对更高发展阶段的追求。他认为内心斗争并不是一种消极的东西，而是内在发展的表现。这种发展体现了对社会责任的承担。他观察到，为了不被人视为"有病"，很多人在压抑或否认自己的高度敏感性，这促使他提出了积极分裂理论（Theorie der Positiven Desintegration）。他主张敏感的人不必迫使自己适应社会，而是可以自信地继续发展自己。他关于发展潜能的观点还涵盖了内在转化（inneren Transformation）的能力。对于他来说，个人的发展意味着自觉地努力，发展自己的个性，成为一个尊重、同情他人，乐于助人以及富有责任感的人。他的理论发人深省，同时也引发了很多疑问：

· 如果一个孩子总是热情高涨，并且表现出高超的感知能力，从而总是很吵闹很爱动，这真的意味着他有多动症吗？

· 为什么坚持不懈的人会被当作执拗、不切实际的人？

· 那些不停发问的孩子会削弱他们父母、老师或其他成年人的权威性吗？

· 在和别人对话或参加聚会时，某个人由于丰富的想象力而陷入自己的内心世界，这算是不专心或不礼貌吗？

· 强烈的感情真的就代表某个人不成熟或不守规矩吗？

· 对创造性空间以及自主权的渴望真的等同于不爱工作吗？还是说不同的人就是需要不同的条件，才能取得各自的成绩？

敏感与健康

灵魂对身体说：你去吧。它们至少听你的……

试想一下，上一周你工作得非常辛苦，现在感觉自己可能要感冒了。你知道，卧床休息一天或者到户外散散心对你很有好处，能让你保持健康。试想一下，你可以干脆给老板打电话告诉他："老板，我要明天再去上班，今天我得休息一下，照顾一下自己的身体，这样我才能更好地工作。"结果是：你没有得感冒，无需看医生，不用开病假条，也没有因病耽误工作，更没有减少工作产出。因为休息可以让你在本周接下来的工作日中事半功倍。

为什么我们要生活在这样一个不能依照自己认可的工作方式运作的体系内？为什么我们要生活在这样一个就算没事做也要在单位坐着消耗时光的体系内？为什么在这个体系内，嗓子疼、咳嗽、流鼻涕是为第二天预先设定的程序？为什么一定要等到身体发出信号，我们才能休息？为什么当我们不能完成我们的工作以及日常安排时，我们就是"生病了"？其实这是我们的身体在传达信息：不是我们，而是我们生活其中的这个体系"生病了"，它还会妨碍我们善待自己。我们的身体只是在告诉我们，现在我们需要暂时从让我们生病的日常生活中脱离出来，这样我们才能好起来。

是的，健康这个话题真的是一个敏感的话题——仅仅看看在某些行业里工作的人宁可继续和病症做斗争，也没兴趣注资研究致病因素，就能让我们明白不少。如果突然间越来越多的人开始对自己负责，注重健康，那会引发一场多大的冲击呢？简直无法想象！

我们现在先不讨论表面的现象了，直接进入我们的话题——健康与高度敏感：

高度敏感并不是一种心理问题，也不是疾病，而是一种禀性。

心理学家所说的"禀性"一词指的是和体质相关的特征，由基因和产前因素共同决定。专家们认为，性格受到禀性、环境以及个体经历的共同影响。研究证明，在处理外界刺激时，高度敏感者的神经元表现得异于常人。

如果我们查阅一下文献中关于健康与疾病的描述，就会发现一些高度敏感者所具有的特征常常出现：

- 高度敏感者拥有灵敏的预警系统，遇到轻微的刺激时很容易生病，而消除刺激之后又能很快恢复健康。因此从这个角度来说，高度敏感者更像是地震仪或极灵敏的传感器。
- 他们对压力造成的疾病以及心灵创伤没有抵抗力。
- 他们对药物、酒精、毒品、尼古丁和咖啡因的反应更加强烈。
- 他们更容易过敏和反应过激。
- 在日常生活中他们更容易受到感情的伤害，但在面临巨大变故和危机时他们却有强韧的内心。

这些特征利弊兼有。让我们来看一看其优势：我们可以相信自己的身体和心灵。当我们走上错误的道路，它们会直接告诉我们，并且给我们有用的建议，告诉我们应该关注些什么。现在我们需要的是按照它们所说的去做的勇气。从理智的体系中走出来，进入感性的世界，进入深深植根于我们内心的认知之中。健康和治愈的钥匙不是隐藏在某个备受称颂的方法中，而是在科学认知、直观的"体会"以及可供你选择的各种方案中。

有意思的是，沃尔夫冈·克拉格斯（Wolfgang Klages）早在1978年就针对敏感病人进行过描述。他是一名退休教授、医学博士，

曾任亚琛工业大学心理系主任。他在《敏感的人》一书中总结了自己的经验:

· 敏感的人始终客观地描述每一种疼痛,并不喜欢夸张。
· 疑心病并非来源于敏感,而是抑郁症的一部分。
· 那些寻求心理医生帮助的敏感者在求学期间通常是好学生,后来在工作中也取得了一番成就。

至于敏感者想要在保持自身"特殊性"的同时融入社会,并且处理好自身敏感性的愿望,克拉格斯是这样认为的:"很明显,敏感的病人们大多有这种倾向:他们想借助理性的方法征服这种令他们备受折磨的天性……"他还写道,他见过很多敏感的人,这些人都特别幽默或善于自嘲。这种幽默和讽刺被他们用作生存的方式。有些人猜测,高度敏感就是人们由于无法应对任何事物而对自身产生的无意义的怀疑。针对这些猜测,克拉格斯写道,他从未遇到过仅仅因为自己具有敏感的天性就去自杀的人。如果真的出现了这种情况,也是精神疾病或抑郁症造成的。

结论:尽管有很多负面的声音,高度敏感者们还是拥有充足的天赋,能经营健康而充满精力的生活——前提是,他们必须对自己负责,关注自己的需求,在遇到困难的时候知道寻求帮助,拥有勇气为自己树立充实生活的标准。

2

挑战：敏感者的成长方向

接受自己的缺陷可以消除它们，并指引我们走向内心的强韧。因为我们懂得自制。

——托马斯·普菲策尔（Thomas Pfitzer）

高度敏感者的生活包含两方面：过度刺激造成的挑战以及享受感知能力带来的美好体验。在我们的文化中，敏感不是一种理想状态。那么就有了一个问题：要适应环境吗？还是另辟蹊径？如果你问我，我的回答是：适应是一种懒惰的妥协，会迅速使你面临持续的过度刺激。最终将招致无力、失败和疾病。如果一次次经历这些，我们的自我价值感就会受到损伤，进而严重损害我们的生活质量。

沃尔夫冈·克拉格斯对高度敏感者的挑战是这样表述的："敏感

的人必须一而再，再而三地应付自己的高度敏感与现实世界之间无法逾越的鸿沟。"

我的想法是：让我们自己掌控现实。在我们讨论高度敏感者特有的优势和积极方面的特征之前，我们先来看一下我们的成长方向。因为：

只有那些正视自己弱点的人，才能真正变得强韧。

当我们对二者（挑战和优势）都有所了解以后，我们才能既敏感又强韧地生活，在和自己、其他人接触的过程中，以及生活中发挥真正的能力。

过度刺激和压力

伊莱恩·阿伦在《你是高度敏感的人吗？》一书中建议，作为高度敏感的人，要了解下列 5 点：

- 无论对于高度敏感者还是一般人，太多的刺激总是会导致过度刺激，使人精疲力竭，感觉无法放松下来，这是众所周知的。
- 保持一个理想化的"刺激水平"，对所有人来说都是很重要的，因为过度刺激会让人不舒服、效率降低，而刺激不足则会让人无精打采。能让我们感到舒服的状态才是好状态。
- 高度敏感者比一般人更容易出现过度反应。这导致我们更常遇到这样的情况：感觉不舒服，效率也比其他人低。

- 敏感在我们的文化中不是一种理想状态，竞争、效率以及消费至上才是主流——这杯鸡尾酒给我们带来了很大挑战。
- 高度敏感者比其他人更容易受到童年期紧张关系的影响。其他人可能会一早忘记童年期的经历，但是我们却能牢牢记住。这也会影响我们的日常交际。

高度敏感的人对许多刺激都很敏感。举个例子：如果一个人对光特别敏感，即便是烛光都能让他目眩，那么在阳光灿烂的天气不戴太阳镜开车对他来说就是不可能的，这对他来说无疑是一种挑战，但也还是有方法来解决这个问题。若我们跟别人比较，不接受自己原本的样子，我们就会变得非常不幸福并且具有攻击性，而这又进一步提升了我们的压力——这是一个恶性循环，它会导致心理问题或身体上的痛苦。对此克拉格斯发表了这样的看法："这种日渐增多的障碍会使人们难以获得冷静、淡定、安静以及信心十足的安全感……"

但是，我们可以使生活走向另外一个方向。我们可以接受这个事实：我们对刺激的感受更加深刻。我们可以容许它们在我们身上停留更长时间。我们可以接受，当我们经常处于刺激丰富的环境中时，我们的效率和速度会慢慢下降。我们可以开始为自己安排更多的休息时间，并且期待晚上的到来，因为到那时我们就可以静下来，身边的人也会逐渐停止他们的各种活动了。

结论：能够改变我们生活环境的人，往往是我们自己。当我们开始承担这个责任时，我们就可以一步步减轻过度刺激和压力，逐渐归于沉着冷静。

自我怀疑和脆弱感

只要我们还在关注其他人是以何种方式，在何时、何地、何种条件下做出了何种的成绩，只要我们还把我们的注意力放在对比上，我们就无法真正了解自己的天性、优势以及最深层的需求。如果我们一直这样进行对比，那么我们的注意力就会集中在那些我们没有做成的事情上，我们和别人的不同就会被当成一种消极的东西。之后还会产生一种复杂的情绪，让我们觉得自己既辜负了世界对我们的期望，又没有达到对自身提出的高要求。同时，想要不辜负自己和世界的愿望也会越来越强烈。由此衍生出一种想要满足所有期待的内在压力，而这种压力对我们的自我价值感是没有好处的。它使我们不断试图调整自己以适应环境。哪怕在需要休息时，我们也不得不尽力工作。这个趋势最糟糕的一点就是很少有人能意识到自己究竟是怎么了，因此也就无法找到打破恶性循环的突破口。

除此之外，如果自我价值感和自信一直下降，我们的脆弱感也会越来越强。我们经历的消极事件越多，就会变得越脆弱。在我们渴望和这个世界以及周围人和平共处的同时，让人不舒服的经历却越来越多。我们就会倾向于对周围人所说的话赋予一种过高的意义，并且曲解他们的意思。在职场中，陷在这种恶性循环中的表现是无法集中注意力、效率下降，不知从何时起就不再相信自己可以将自己"推销出去"以及与他人竞争。

沃尔夫冈·克拉格斯在《敏感的人》一书中写道，对那些敏感的人来说，一个错误的表达能持续影响他们，并让他们感到非常烦恼。我们很容易觉得自己"被针对"了，这会导致我们产生怨恨的心理。除此之外,那些踏上"自我怀疑和脆弱感"这条弯路的人们,不知道从何时起会把每一种感觉、每一句话以及身边人脸上的每一个表情的变化都跟自己扯上关系,为了不再造成心灵创伤,我们必须打破这个恶性循环!

当我们还可以控制我们的自我怀疑,总体来说表现得还不错时,在我们身边那些非高度敏感的同伴看来,我们就已经是情绪变化无常的人了。当我们突然反应过激或情绪骤变时,就会让我们身边的人很生气,从他们的角度看,我们简直就是人格分裂。

因此,认识和接受高度敏感性就显得尤为重要。因为这会让我们不再困惑,给我们一个契机打破固有的模式,整理我们的自我怀疑和脆弱感。"未经你同意,任何人都不能让你感到自卑"这句话出自埃莉诺·罗斯福之口,她说得非常有道理!

为了让我们肯定自己,更好地安排自己的生活,我们需要做些什么呢?心理学家西尔维娅·哈尔克(Sylvia Harke)制作了一个视频,并上传到 YouTube 上。视频向我们展示了一些对高度敏感者来说比较典型的障碍。我从中总结出了一些有用的建议:

- 告别完美主义——放松控制,将注意力放在感受上,让自己沉浸其中,而不是期待一个可以立刻实现的完美的结果。
- 享受勇于定夺的快乐,面对潜在的危机。
- 改变关注的焦点:减少外部关注,增加内部关注。
- 重视自己的需求,减少理想主义。
- 不再调整自己去适应环境:多说"不""我"以及"我这样很好"一类的话。

- 自信和自爱，而不是担心失败。
- 社交的关键是展示真实的自我。
- 寻找志趣相投的人，而不是迷失在局外人的角色中。
- 对自己负责，给生活一个积极的回应。从牺牲者的角色中跳出来，进入一个有创造力、自信的角色中。

结论：只有当我们不敢走自己的路，并给自己设定一些适用于一般敏感者的目标时，高度敏感才会让我们不安和脆弱。

恐惧感和罪恶感

由于敏锐的感受力以及经验，我们觉得这个世界的运转方式和我们设想的不一样——它更吵闹、更华丽、更具攻击性，这些都有可能引起我们的恐慌。我还记得，我小时候每天晚上辗转反侧，不停地想会不会发生核战争。我的脑海中会浮现一个人持有核按钮的形象，同时我也害怕得发抖。此外，对外面那些捉摸不透的人的恐惧也统治着我的内心。那时候真是需要一些生活经验啊。还有就是这个事实：这个世界上没人可以像保险公司吹嘘得那样"安全"。死亡也是生活的一部分。我们虽然可以对自己的生活负责，但却永远无法彻底掌控它。认识到这些，我的恐惧感慢慢消失了。我理解了，我必须得做出决定：是让恐惧感伴随我一生还是选择走另一条路。认真生活，形成一种"所有事物都有其意义"的信念，对于我们这种感觉灵敏、感受深刻的人来说会是一条很长的路。但这是值得的，因为我们在这条路上走得越远，内心的恐惧感就会越少。

另外一种让我们很沉重的因素就是罪恶感。究其原因，一方面可能是我们接受的教育，另一方面则是我们的特征：由于我们的认真及理想主义、对和谐的强烈需求和移情能力，我们很容易产生一种对其他人的责任感。但是我们其实忘记了：从根本上来说，我们只需要对自己和自己的孩子负责。但是在孩子身上，我们的影响力是有限的。我们可以帮助别人（如果对象是我们的孩子，这就意味着承担责任），在他们需要的时候在他们身边。但是照顾别人的感情这种责任，我们是可以不承担的。

然而，事实往往并非如此。下列情况并不少见：高度敏感者由于能预知他人情绪，希望避免使他人出现负面情绪，因此会对他们隐藏一部分事实。这样做的后果通常是损害自己的利益和需求，可惜只要我们不反思自身的问题，这个后果就会一直持续下去。这种情况在一段关系中造成的破坏越大，我们的罪恶感就会越强烈，我们的责任感也会越强，这便构成了一个恶性循环。结果就是我们忽略了自身感受和对自己负责。然后我们就成了为别人活着，把自己的幸福捆绑在他人感受和认可上的人。这个恶性循环会消耗我们的精力，毁掉我们生活的乐趣，并且对关系完全没有好处——不论是对我们和自己的关系，还是我们和那些我们喜欢的人的关系。

我们对别人的感情并不负有任何责任，我们越清楚这一点，就会越少感到自己的情感受到了压抑。

这样做，我们便能在困难时刻保护自己，保障自己的利益，关注自己的需求。同时，我们也能变得强韧，将恐惧感控制在一个健康的范围内。

3

优势：高度敏感的潜能

不说挑战了，我们来谈一谈优势。高度敏感的人有哪些潜能呢？我开始寻找蛛丝马迹，结果收获颇丰。有些作者用了"天赋"或者"秉性"这样的词汇，另外一些人则用了"特征"和"能力"。大家基本都认同，每一种优点同时也有可能是一种缺点，然而并非高度敏感人士身上的每一种特征和优点都是如此。是的，我们这类敏感的人非常认真，观察事物细致入微。但是现在我们要说的是优势这一点！让我们破例戴上眼罩，假装我们想要应聘一个新的工作，很开心地为自己重新定位。虽然我们还有欠缺的东西，但是让它继续发展吧。我们的个性中有何优劣都不要紧，因为学习是很人性化的。如果没有弥补缺点的勇气，那么在当今社会中就几乎没法找到合适的工作。而实际上，我们有丰富的软实力和专业技能，大多能给上司或顾客留下深刻印象。

现在是一探究竟的时候了：有没有一些特质是碍于我们的信条或违背了其他人的利益和期望而被忽略了？或者仅仅因为我们根本没想过，我们身上的特征是自己独有的优点？让我们踏上探索之旅，去发掘那些意想不到的宝藏：你擅长什么？什么能给你带来快乐？什么能让你活泼起来？你在经济、政治和社会方面有哪些有价值的潜力和特征？

我常常能体会到，高度敏感者可以立足于一个更高的层面，在极短的时间内将错综复杂、支离破碎的事物组合成一个有意义的整体。这让我觉得非常惊奇。

这种把控全局的能力很大程度上也促成了他们在道德方面的自我约束。因为可以看清事情的脉络联系，他们通常不会有意作恶。

在高度敏感的孩子们身上，我可以感觉到一种非常明显的正义感，以及对真相的敏感。没人可以欺骗他们。

许多高度敏感的人都拥有很强的社交能力以及出色的换位思考能力。我觉得，创造力、非凡的解决问题的能力和改革的能力，都是高度敏感者所特有的。

——尤塔·伯切尔（Jutta Böttcher），
金心高度敏感者能力中心（HSP-Kompetenzzentrum Aurum Cordis）

移情能力和社会理解力

几千年来，人们一直在渴望和平。而我们却一而再，再而三地因为思想、权力和一些无意义的事而发动战争。高度敏感的人可以为改善人与人之间的关系做出很多贡献。出于对和谐的需求，我们全身心地致力于创造一个和平的、互相尊重的生存环境。对我们来说，这其实毫不费力。只要我们做自己，善待自己，利用我们强大的社交能力——乐于助人、关心他人、照顾他人的感受、心中充满爱，这就足够了。

我们在本书中介绍的优点并非高度敏感者特有的——不论是移情能力、逻辑思维能力、高度创新能力还是艺术天赋。我们从那些研究高度敏感性的心理学家、导师和作家的话语中可以得知，他们持续地在高度敏感人士身上观察到了这些潜能。此外，这些潜能多数表现得非常明显，而且一个人可能拥有多个特征。

我们是很好的倾听者，可以很快体会到别人的心情。任何小细节或表情上的小变化都逃不过我们的眼睛。我们能预知矛盾，理解那些不能（或不想）理解我们的人的立场——这在谈判时是一个重要的优势。而且，没有人骗得了我们。关于社交或情感方面的问题，我们的嗅觉也十分灵敏。我们不会闭目塞听，当一段关系出现问题时，我们自然会感受到。不论事关我们自身的利益还是他人的利益，我们都会兼顾，为大家创造一个舒适而和谐的氛围。如果第三方陷入冲突，并且坚持自己的立场，我们就会成为天生的调解人。因为我们对他们一视同仁，顾及所有人的利益，谨慎地处理矛盾，善于说服别人，所以最终能找出一个让大家满意的解决方法。

另外，我们的适应能力很强。但是我并不认为适应始终都是我们的任务！至少在下列情况下，适应不应该是我们的任务：我们心里知道其他的路可以指引我们到达目的地，而我们迄今为止都扮演着拒绝承认自身天性的角色。我们习惯了在时过境迁以后不停追问和反思。我们是可以看出其中的矛盾之处的。因此我们就应该认清并利用自己的优势——为别人，为自己，也为世界和平。

强韧的价值观和可持续发展

高度敏感的人会很关注身边的人和大自然——他们以及动植物生存的空间。当别人耸耸肩表示无能为力，并反问自己难道能做些什么时，我们已经开始改变世界了——我们尽量少吃肉，关注价格和质量，优先关注质而非量，避免产生垃圾。因为我们会追踪每个体系的后续影响，对人类行为的影响和结果很感兴趣，热衷于预先思考。我们有很高的道德标准。哪怕别人觉得我们精神不正常，我们也还是会坚持自己的理想。我们是按照自己的价值观来生活的。是的，我们想要改变、处理这个时代的问题，我们每个人都以自己的方式，尽我们自己所能。因为：

> 人们必须尝试不可能成功的事，才能使之成为可能。
>
> ——赫尔曼·黑塞（Hermann Hesse）

我们有勇气正视人类面临的挑战，而不是装聋作哑。于人于己，我们都持批判的态度，并坚持公平公正。一旦我们开始行动，就会为所有我们看来正确的事负责——矢志不渝。我们对所有生命

都恪守忠诚······

灵敏的感官和细腻的感觉

我们灵敏的感官发掘了细腻的潜力：我们善于观察细节，识别出最细微的差别——不论是数字、数据、事实，还是颜色、形状、图形、内部装饰、流行式样、建筑或图案。高度敏感的研究者获益于他们对细节的关注，可以参与到解决我们这个时代的问题的过程中。我们能真正享受好的食物，感受音乐以及美妙的旋律带来的轻松或振奋的体验，我们能嗅出食物品质的好坏。在火势蔓延之前，我们就能闻到它。我们出色的触觉以及灵活的手指，对很多工作来说有很重要的意义。我们高度的审美能力和对秩序、洁净的高要求使得我们能够欣赏、保护我们熟悉的事物。

责任心和约束力

我们做事不会一味强调速度。相比数量，我们更注重质量。我们给别人的第一印象是，完成同样一个任务，我们需要的时间比别人更多，其实这可以证明我们认真可信。经我们完成的任务，并不需要事后反复修正，因为我们能认真听取别人的需求并提供别人所需。期间如果有不确定的内容，我们会再次询问。因为我们思虑周全，认真仔细，所以需要的时间可能更多一些，但是一旦我们完成任务，其成果便是十分可靠的。此外，我们的时间观念也是比较强的，因此我们在计划时就会考虑时间的问题。如果我们注意到时间不够用了，会积极地找到解决的方法，而不是坐以待毙。这并不是说我们追求完美，而是我们遵照一个更高的标准做事。我们对错误的敏感性可以帮助我们检验结果，在系统中识别出错误，避免出现问题，查找出矛盾性以及缺陷。这是一个非常有价值的能力。一旦我们找到自己的任务和团队，就会保持忠诚和责任心。我们的同伴可以充分信任我们的责任感和义务感。

创新能力与联想思维

一些人可能会觉得奇怪：我们高度敏感者可以很轻松地从各个角度思考问题，思考的广度有时过于异常。正是这一点让我们与众不同：高度敏感者思考得很复杂、全面、长远。我们是具有联想思维的思想家、想法怪异的人、理想主义者、幻想家，我们既能看到宏观层面的联系，也不放过微观层面的小细节。区分、排序、建立交叉关联、识别模型、深入内部，联系过去和未来……这些能力使我们能够看清系统结构，进行创造，探究背景情况，全面地理解问题。在寻找变化因素以及趋势方面，我们称得上是专家。全面性和长远的眼光是我们最好的武器。

高度敏感者大多有很重的好奇心，对很多事都感兴趣，有求知欲，喜欢学习新事物，并且有学习的能力——这些特征会伴随我们一生。我们之中还有不少全能型人才，他们掌握各种不同的技艺，想象力非常丰富，可以预见未来的发展。

创造力和艺术天赋

很多高度敏感者小时候就听过这句话："唉，你的想象力可真丰富啊！"太幸运了！因为，不管我们是真的想象力超群，还是只是比有些人感受到的东西更多，我们的内心世界都是丰富多彩的！而且我们及他人都会受益于我们生动的想象力以及丰富的内心活动，尤其是当我们从事的是创造性的工作时。我们中的许多人都习惯了图像思维，而且善于用图片的形式生动形象地表达一种客观事实，让听众理解。只要一件事是有意义的，我们就能够用抽象概括的方法把一个问题的本质变得易于理解。另外，我们能将自己的所到之处变得很美。因为审美观和对美的敏感是很多高度敏感者特有的。我们热爱艺术与文化，同时由于拥有很强的精细动作技能，所以可以从事非常精密的艺术工作。在音乐领域我们可以识别非常细微的音色音量方面的区别。人们猜测，在高度敏感者之中存在很多拥有绝对音感的人。

解决问题以及处理危机的能力

解决问题以及处理危机的能力，是以我们的两大优势为基础的：联想思维以及敏锐的直觉。在极度危险的情况下我们可以保持冷静的头脑以及行动的能力，凭直觉就可以知道我们该做些什么。我们掌控全局，使自己变得积极主动，并且指导那些在危机情况下陷入恐慌而不知所措的人。由于自身的高度敏感性，我们早就学会了如何应对具有挑战性的刺激和情况，所以我们在危机情况下也能保持清醒，准确快速做出反应。除此之外，我们敏感的"触角"会预先向我们发出警报。这是因为我们拥有敏锐的知觉，可以预先意识到危险，预知能力让我们倾向于更加小心谨慎。

好奇心与激情

我遇到的大多数高度敏感的人都拥有旺盛的求知欲。敏锐的感官接收了大量的信息，并且对此进行加工，镜像神经元为我们更好地理解老师传授的知识提供了保障，这时，我们的各项能力就可以更快地得到发展，我们所学的知识也能自动融会贯通。学习的过程变得简单了。我们在工作和学习领域能够快速独立地入门，并拥有各种不同领域的广泛知识，能对某一个领域深入研究。在决定做一件事或对某件事感兴趣时，我们就能激发出无限的激情。

寻根究底以及感情的深度

个性也会通过反思形成。因为我们对别人以及自己的感情有更深刻的感受，所以我们成了反思情感和经历的能手。我们通过对情感的高度感知和深度加工，把已经发生的事情与情感更深刻地联系起来。我们的记忆保存的时间比许多人更久，内容也更清晰。我们对小插曲一类事件的记忆力非常突出。我们感情的深度为我们提供了很好的机会，让我们的思绪能够在某一刻陷入意识流状态。在与他人交往时，我们不会流于表面。我们喜欢思考，对事情寻根究底，我们感受丰富，敢于提问，对同伴很有兴趣，关心他们的世界。我们会给那些人情冷漠的地方带去温暖，高度敏感者是真正能够获得众人好感的人。而且当我们决心做一件事时，大家就自求多福吧！因为到处散播的"激情病毒"的传染性非常强，几乎没人能够抗拒。总而言之，对于我们来说，激起别人的好奇心，让他们着迷，并且跟着我们一起疯狂，是一件很简单的事。

心灵的坚强和生命力

高度敏感的人由于神经系统的特性，与一般敏感的人相比，每天都需要处理更多会造成身心紧张的压力。接收多方面的信息和刺激，独立自主地应对挑战，是高度敏感者的日常。这包含了巨大的潜在能量——前提是我们接受自身的高度敏感性，定期让自己放松和保持安静——因为那些每天与自己的高度敏感特性相处的人，会自动产生意志力、耐力和毅力。即使这些特征不是每个高度敏感者在任何情况下或任何生活阶段都能感受到的，它们也是确实存在的。为何我对这一点如此确定呢？在我做过的所有采访中，我都感受到了人们强烈的性格特征：反思，同情，深思熟虑，时刻准备面对自己，面对成长，不管我采访的对象当下的处境顺遂与否。没有人因为自己的高度敏感性而选择逃避问题。因此，我的信条是：

敏感意味着强韧。因为敏感赋予了我们内在的力量。

请为自己创造良好的条件：一步步地彻底改变自己的生活，降低压力，坚持锻炼身体，定期放松自己。因为这样你就能感受到，通过高度敏感性，你在生活中发挥出了多么巨大的潜能。这种潜能将会转变为你的优势。请你以敏感的方式将自身的优势展现出来，加油干。重要的是：尽管你充满激情，并常常体会到"啊哈效应"，你还是要注意及时充电。有时候，稍微放慢脚步，停下步伐是一种很好的中场休息。或许你可以学习一下电动汽车。它们在开足马力行驶100公里后便需要停下来充电，之后就又可以像以前那样全速前进了。

> 要改变世界，先改变自己。
>
> ——圣雄甘地（Mahatma Gandhi）

个人优势的晴雨表

请你抽出一点时间来做一个自我评价：哪些是你的潜在优势？哪些已经被你注意到了？你在日常生活中使用过哪些？哪些还有待开发？

我的优势特征

移情能力和社会理解力	☆ ☆ ☆ ☆ ☆
强韧的价值观和可持续发展	☆ ☆ ☆ ☆ ☆
灵敏的感官和细腻的感觉	☆ ☆ ☆ ☆ ☆
责任心和约束力	☆ ☆ ☆ ☆ ☆
创新能力和联想思维	☆ ☆ ☆ ☆ ☆
创造性和艺术天赋	☆ ☆ ☆ ☆ ☆
解决问题以及处理危机的能力	☆ ☆ ☆ ☆ ☆
好奇心与激情	☆ ☆ ☆ ☆ ☆
寻根究底以及感情的深度	☆ ☆ ☆ ☆ ☆

心灵的坚强和生命力　　　　　　　　　　☆☆☆☆☆

敏感的优势：哪些优势是我有意识有目的地使用着的？

没有意识到的潜力：哪些优势还没被我发现？

结论

1.高度敏感是一种与生俱来的秉性。高度敏感的人感觉非常灵敏；他们对刺激和信息的感知在数量和质量上都更加深刻。

2.高度敏感的人会遇到特殊的挑战。过度刺激和压力、自我怀疑、脆弱感以及恐惧和罪恶感都是敏感者在成长路上会遇到的挑战。重要的是，我们要面对自己。因为只有了解自己缺点的人，才能真正变得强韧。

3.高度敏感的人也具有一些需要被发现、被经历的优势。比如：细腻的感知能力、联想思维、解决问题的能力、高度的移情能力和直觉、强烈的价值观、创造力、认真仔细、社会性理解、寻根究底以及带给别人激情的能力，诸如此类的能力经常出现在高度敏感者身上，并且非常突出。那些认识自身潜力的人，可以把它们运用在生活和工作中，过得既敏感又强韧。

第 二 部 分

实际案例与观点：
高度敏感的人都经历过什么

1

柔弱而强韧的故事：高度敏感——真实而可信

几千年来，作为传播知识的媒介，故事的地位是首屈一指的。它为人类提供了互相学习和自我发展的良机，还颇具趣味性。除了情感，它们还具有一种力量，可以在我们内心唤起比数字、数据以及事实更有力的东西。作为写作者，我清楚地知道，好的故事有什么样的魔力，以及文字可以产生什么样的力量。

但是在知与行之间还存在着很大的距离。当我在完全出乎意料的情况下收到上千条读者的直接反馈时，才深刻地理解到真诚和可信到底能带来哪些影响。我曾经给德国一个著名的在线女性杂志写过一篇文章。题目叫什么呢？毫无疑问是《我是高度敏感的人》。通过这次坦白，我跨出了令人激动的一步。接下来发生的事是这样的：突然有1 100多位读者在Facebook上给我的文章点赞。这让我十分诧异：这么多人都读过我的故事了？怎么可能！而且还不仅如此，下面的评论都是正面的——考虑到目前的网络大环境，我早已经做好接受最恶毒的批评的准备，然而并没有遭遇我想象的情景，反而有很多非常友好的人试图与我做朋友。我和他们中的一些人从此建立了联系。有一些人对我表达了感谢，另一些人说我的故事给了他们勇气，大多数人都希望听到更多的故事。由于我坦诚地将自己的想法写了出来，很多人从中找到了自身问题的答案，而另一些人则可以从另外一个角度来看待自己的高度敏感性了。事实是，在我坦诚地反思自身的敏感性时，其他人也受到了激励，并获得了勇气。这可能不是什么新鲜事，但是对于我来说却是一个让人感动的经历。

当我想到要写这本书的时候，我很清楚：必须要写真人真事！考虑到自己必然不能代表全部敏感人士，我开始搜集（高度）敏感的男士和女士的故事。当然了，这些故事不是传记性质，它们讲的是如何在生活中积极应对各种事件。它关乎健康，关乎恋爱关系和家庭、工作和职业、业余时间和消费，也关乎感官。我希望写出一本由各种高度敏感者的故事构成的参考书——虽然不一定很完备，但要具有一定的改革性。它应当是一本可以让脆弱的"挑夫"①们变得强韧的书。

这本书的第二部分能得以完成，全靠那些提供自己真实故事的人。他们中的一部分人是通过社交网络与我取得联系的，另一部分则是通过高度敏感信息研究联合会注意到我写书的计划的。他们的故事也被发布在了网上（www.hochsensibel.org），协会的会员还可

---

① Lastenträger 的原意是一种职业：挑夫。在这里是双关，这个词由 Lasten 和 Träger 构成，前一个词的意思是沉重的负担，后一个词是承担者。可以理解为"承担了很多负担的人"，即高度敏感者。——译者注

以通过发邮件的方式获得这些信息。在此我想衷心地感谢协会的主席迈克尔·杰克先生对这本书的大力支持以及对我的信任。

这些故事给我们提供了很多启发，其中的一部分为我们提供了了解高度敏感者经历和感情世界的钥匙——一种真正宝贵的经历。以我的背景知识为限度，我尽力仔细阅读，利用我的知识、有目的性的提问和直觉来认真选择故事，而不是单纯依靠个人喜好。在一些故事中我也讲述了一些现象：如果人们因对自己的高度敏感性缺乏了解而无法反思，那么持续的压力会让他们受到伤害，从而产生一些所谓的"不正常"或"有病"的行为方式。我并不能保证这些讲述故事的人都是真正的高度敏感者，但我确实可以从中发现许多高度敏感者的特征。

2

感官

我们的感官把我们和周围的世界联系了起来。它们影响着我们
的内心世界，并且把它和外部世界联系起来。我们通过看、听、闻、
尝、摸等方式感知自己以及这个世界。而第六感，尽管在很久之前
就不时兴了，并且被认为在理性上站不住脚，但最近又重新获得了
新生，而且不仅仅惠及敏感的人。

有时候我们可以完全沉浸在自己的感觉中，我们的感官会向我
们施放魔法，让我们尽情享受，带领我们领略这个世界的美好和强
韧。有时候我们可以观赏壮美的山峰，让光线为我们表演魔法；有
时候我们会望着一望无垠的大海，让海风将我们脑中的一切都吹散，
让海浪的声音抚平我们的内心；有时候我们会抽出时间来听音乐，
让美妙的音符触碰我们的心灵，带领我们踏上情感之旅，让我们获
得动力或得到深深的放松。当春天来临，万物复苏，鸟儿啼鸣，蝴

蝶欢乐而轻快地在花丛中飞舞时，我们便感受到了大自然的芬芳。这种芬芳让我们看到万物周而复始的规律，让我们想起是什么给予我们营养让我们生存。有时候我们会和好朋友一起吃饭，一起开心地聊天，思考这个世界。有些晚上，我们依偎在爱人的怀抱中，享受他们的爱抚，幸福得似乎快要融化了。有时候我们会意外地突然出现在久未谋面的至爱面前。这是多么宝贵的财富啊！

我们的感官的敏锐程度因人而异，与神经系统的构造有关。并不是每个自认是高度敏感者的人都拥有高度敏感的感官，而感官高度敏感者也并非所有感官都比常人更敏感，但其中还是有共性的：

能让那些感官高度敏感的人产生深刻感知的，不仅有让人舒适的刺激，还有引起人们不适的刺激。

我们很容易受到过度刺激，因此需要一些策略来应对我们高度敏感的感官。一旦我们找到了合适的策略，高度敏感的感官就会成为上天赐予我们的礼物，我们的这种能力就会成为一种宝贵的信息来源。

听觉

街道上的噪音，院子里工作的声音，牙科诊室的声音，钟表的指针走动的声音，大办公室、食堂里以及其他地方别人聊天的声音，邻居家院子里传来的音乐，电影院、包房或舞厅里别人争吵的声音，伴侣的呼噜声，孩子们发出的高分贝噪音——这是敏感的听觉给我们带来的压力，它让高度敏感的人很快就感到疲惫，晕头转向。尽管我们可能会遇到这么让人崩溃的情形，但是听觉敏感也有好的一面：鸟儿的鸣叫、在音乐会上或在家里的沙发上听到的美妙音乐、山中小溪潺潺的流水声、风和大海的声音、和伴侣亲热时他发出的呼吸声或我们所爱的人的心跳声——这些都是心灵的芳香剂。

当我正专心研究自己高度敏感的听觉能力时，我发现自己在讨论组和网络论坛中遇到的很多人都在抱怨自己的听觉过于敏感，并且在寻找"治疗"这个问题的"药物"。如果"事情都有两面性"这句话是正确的，那么每个高度敏感者除了能够感受到它具有破坏性的一面，还应该可以感受到其具建设性的一面吧？举两个例子：在吸尘器被发明之前，我们家门前那条马路上的落叶是每天由两个工人清扫的。他们用扫把使劲地摩擦沥青路面，发出一种让人不舒服的声音。这让我回想起上次洗牙的经历。洗牙和清扫路面并没有引起传统意义上的疼痛。这两个例子中困扰我的是声音，虽然这两种声音的性质不太一样，但是我产生了同样的愿望：这种折磨快停下来吧，我的神经系统受不了了。噪音造成的后果是，我的脉搏加速，注意力无法集中。现在，我再遇到这种类似的情况时会更加实际地来处理：我会躲开扫帚和它的使用者，比如我会关上窗户或前往别处。牙医的事我无法完全避免，因此我会让医生为我催眠。之后我就发现了事情的另外一面，高度敏感性给我带来的好的一面——音乐，美妙和谐的音符。这真是一种享受啊！哪怕是一段不那么和谐的乐曲，我也可以（当然是很业余地）自行想象它缺少的部分，在脑海里进行修改。至于我认为不好听的部分，我可以干脆删掉。我的优势是善于分析和幻想，这使我受益良多，而且我也认同，我的高度敏感性有助于增强这种能力。不论是作曲，绘制电路图还是表述一种哲学思维，这些都是个人才能，它的强弱程度与个人观点、态度和能力有关系。如果我们能为自己创造空间，在这个空间里我们就可以忠于自己的能力和兴趣，而不是受制于条条框框的约束，我们肯定能够设计出精良的电路图、完美的乐章或进行哲学性思考。

安德烈亚斯，45 岁

那些听觉高度敏感的人每天都会受到巨大的挑战。"世间的嘈杂"隐藏在每个角落，每天都会出现并且常常是突发的、不可预见的，除非我们在桃花源深居简出——这对于有些听力敏感的人来说无疑是一个梦想，因此寻找到应对噪音的策略就显得尤为重要了。我们可以积极主动地改变噪音，或者灵活一些——休息一下，哪怕我们原本的计划不是这样。在公共交通工具上戴上耳机听音乐是个不错的选择。另外一个很好的方法是购买滤波耳塞，均码的耳塞廉价易得，个人定制则稍微贵一些。

与其他方法相比，佩戴滤波耳塞的好处是我可以正常地与人对话，而背景噪音变得微乎其微——这真是上帝的恩赐啊！我总是随身携带耳塞，当周围环境中的噪音影响到我的状态时，我就会使用耳塞。

安·凯瑟琳，37 岁

视觉

> 只有用心灵才能看得清事物本质，真正重要的东西是肉眼无法看见的。
>
> ——安东尼·德·圣-埃克苏佩里（Antoine de Saint-Exupéry）
>
> 《小王子》

与其他感官感受到的东西相比，视觉在我们的感觉中经常占支配地位。闭上眼睛，我们能立刻感受到看到的东西对自己有多么大的影响：突然可以听到闻到更多气味，味觉和触觉也比以前更加灵敏——我们感受这个世界的方式突然变了。众所周知，盲人透过其他正常感官获得的感觉远比健全人要丰富得多。有时候他们可以比我们这些在外界视觉刺激影响下感到眼花缭乱的人"看到"更多。

一般情况下我不觉得我看到的东西特别困扰我。当然这可能是因为我已经习惯了。因为很多对于其他人来说稀松平常的东西，对于我来说却是一种困扰因素：非常刺眼的阳光、别人身上花哨或有让人眼晕的图案的衣服、我头上滑下来的一缕头发，或者我丈夫刮胡子的时候遗漏的一块地方——所有这些都会对我造成困扰。前一段时间，我在中午散步时看到了一栋我很喜欢的房子。现在它的大门口突然建了一个信箱，这个信箱的颜色以及风格都和这个房子格格不入。是的，这很困扰我。我喜欢秩序，也讲究审美。我不太能欣赏得来抽象艺术。符合我审美的东西会让我觉得舒服，相反的则会给我带来困扰，哪怕我根本不是有意地在关注它。尽管我本质上是那种尽力接受别人原本的样子，不仅仅靠外表就对别人下论断的人，但有时候我还是会发现自己正在评判别人，因为他们不符合我的审美标准。

一年前在电影院的经历令我印象特别深刻。那时我和丈夫难得有空一起看电影。我们找了一个保姆帮我们看孩子，然后去看别人推荐的电影《阿凡达》。那是我第一次看3D电影。刚开始的时候挺好的。但是后来3D效果让我觉得我完全失去平衡了。我感到头晕，特别不舒服。我不得不闭上眼睛。所有能想到的解决方法我都尝试了一下：不戴3D眼镜继续观看电影、闭上眼睛深呼吸、有意识地让自己去喜欢电影本身以及它的情节处理。但是都没有用。我还是一直感到头晕，甚至变得极度不安，因为我的感官以一种极度不舒服的方式控制了我。因为这个电影播放的时间特别长，所以中间有一个中场休息。我犹豫了一会儿，还是决定把我的状况告诉丈夫。我跟他说了我很不舒服，无法继续看下去了。这很扫兴，因为共度这个夜晚是我们俩期待已久的事。最终我们找到了一个解决方案。我们约定好，让我丈夫自己继续把电影看完，结束后我们再汇合。这段时间内我会在街上逛一逛，平复一下我的感官。在那之后我们还一起去吃了饭，我丈夫跟我讲了电影的下半部分，我们一起度过了一个愉快的夜晚。这真是个完美的结局。

萨布里纳，35岁

这个故事告诉我们，伴侣双方都对高度敏感性有所了解是多么重要。如果继续观看这个电影，萨布里纳的感官会受不了。她把自己的状况告诉了丈夫，这样做是正确的。而她的丈夫接受了这个现实，接受了计划的改变，在电影结束以后还可以和妻子一起度过一个美好的夜晚。如果她没有把自己的真实感受告诉丈夫，而是按照原计划坚持把电影看完，那么她的状态会非常不好，很有可能就无法在电影结束以后继续和丈夫一起度过愉快的夜晚，而是不得不立刻回家了。她的高度敏感就会给双方留下一个非常糟糕的回忆。因此，感官的敏感虽然迫使他们改变计划，也要求他们灵活应对，但是最后两个人还是一起度过了一个愉快的夜晚。

嗅觉与味觉

嗅觉和味觉是两种不同的感受，但是二者又有密切的关系。你有没有在森林中的小路上突然遇到一辆从身边飞驰而过的汽车？你是仅仅闪避到一旁，还是同时也捂住了鼻子？嗅觉高度敏感的人对汽车尾气的感知非常深刻，好像他们的舌头也尝到了这种味道一样。类似的情况还有闻到卖鸡肉的店铺飘过来的肥肉的气味，或者在和朋友打招呼拥抱时蹭到自己身上的香水味。那些嗅觉不太敏感的人无法想象生活中到底有多少种气味和口味。对于高度敏感的人来说，每去一个陌生的地方都会成为一次探险之旅，因为我们不知道自己会遇到什么样的食物，而在很多地方要是客人不吃（光）主人特意提供的食物是很不礼貌的。另一方面，鼻子和舌头的高度敏感也意味着我们可以拥有更高的享受能力，比如一块质量上乘的巧克力，或一年中的第一颗草莓，吃上一口就像是在度假，或者能让我回忆起童年吃过的美好食物。又比如一年四季中森林的气息、第一次霜冻和第一次大雪将要到来之前空气中的味道、伴侣身上我们熟悉的气味或者我们的孩子头发散发出的气味，这些都能唤醒我们内心深处的幸福感。

所谓有其母必有其女。当我丈夫带着孩子们回到家时，我正专心致志地做一个项目。我们家有个习惯，会把需要清洗的东西事先拿出来。孩子的午餐盒就属于这类东西。这天下午孩子带的午餐没有吃完，饭盒里还有一些葡萄，而通常情况下我女儿会把葡萄吃光的。对此，她的解释是："爸爸，今天的葡萄我没有吃完。因为它们不是太甜就是太酸了。"我当时就忍不住大笑起来，因为她对葡萄的评价和我小时候一模一样。如果我喜欢吃一样东西，那么我就不能容忍它的味道和上一次有一丁点的不同。很显然，我的女儿对葡萄的要求也是这样的。同时她的话让我意识到，我也是花了很久的时间才能做到在味觉上放松自己，尝试新的食物和新的口味。而且我明白了：批评我的女儿，说她喜欢的东西"太少了"，并且要求她不要这样挑食，是没有任何意义的。因为我知道，我的父母在这件事情上给我施加过的压力根本没有什么用。

当我问大女儿，她为什么不想尝一尝某种东西时，她说："我不敢。"这表明，她要去尝试某种食物时需要克服很大的心理障碍。她说自己不喜欢某种食物，就意味着那种刺激对于她来说是不能忍受的。然后就是有关嗅觉的事情了。我早上吃燕麦粥时，我的女儿坐在我身边，皱着小鼻子说："妈妈，这个好臭啊。"她是无论如何都不会想要尝一尝燕麦粥的。就好像我直到今天还是会拒绝某些种类的奶酪一样，因为它们实在太臭了。但是我总是给她一些别的食物，让她去尝试。我想消除她的恐惧和反感，让她相信：口味是可以改变的，她也是可以更好地处理自己的感觉的。

就我自己而言，不仅是口味和童年时代相比变化比较大，还有就是我尝试新食物的意愿增强了。因为自从我知道了自己很敏感以后，我就可以更好地接受自己的感觉了。我对"我可能不像其他人一样对味道和气味很兼容"这个事实不再有抵触情绪了。我比其他人对气味和味道更加敏感，对这一点的认识使我能更轻松地应对这个事实。面对一些气味和味道的刺激，我可以更好地应对，因为我意识到了它们对我的影响有多深，所以便可以相应地做出反应。

卡特琳·佐斯特，36 岁

有时候我们抱怨气味好难闻，其他人会吃惊地看着我们，因为他们什么都没闻到；有时候我们会把食物放在一边不吃，因为我们感觉不舒服或者"恶心"。这两种情况其实反映了一种非常重要的技能。如果发生火灾，我们可以比普通人更早发觉并且发出警报。一旦食物出现问题，我们就有可能保护我们的家人或朋友，不让他们吃有可能变质或导致中毒的食物。这样一来就平衡多了。我们不能只看到高度敏感的嗅觉和味觉带来的负面效应，也应该看到它有趣又有用的一面。它可以作为一个非常有价值的信息来源。

触觉

触摸与皮肤的触觉和体表的敏感性有关。除此之外，现代生理学还进一步为触觉下了定义：对温度和疼痛的感知、平衡感、身体的感觉，以及肌肉运动知觉。我们通过这些感官来感受周围环境对我们的种种影响，从而身体有不同的舒适程度。我们的皮肤里有感受器，可以让我们感觉到压力、温度、触碰、震动以及疼痛。它们与身体内部的感觉一起产生大量刺激，这些刺激对一般人来说没什么，甚至可以给他们带来愉悦，但是对于很多高度敏感的人来说，这些刺激会分散他们的注意力，让他们感到不适。

很多年以前我实现了一个很大的愿望，为自己买了一辆敞篷汽车。我特别高兴，非常喜欢那辆汽车，当然也会开着它兜风。但是，我坐在里面时从来都没有感觉舒服过。我很讨厌吹风的感觉——要么太冷，要么太热，而且坐在敞篷汽车里特别吵。我不理解这个世界了：为什么我会遇到这种问题？明明其他人都把敞篷汽车视为梦想和享受。我也试图享受自己的敞篷汽车，去发现开车兜风的乐趣，但是我真的做不到。后来我在跟儿子说要卖掉敞篷汽车时，这就成了一个理由。

今天我了解了高度敏感性，也就弄明白自己为什么那么讨厌敞篷车了。对于我来说，合适的温度很重要，这是让我感觉舒服的前提。不管我愿意与否，我都能感受到、听到风吹过来。我就是不喜欢风。在家里我也能感觉到风。我甚至可以听到它。不管哪扇窗户开了，我都能感觉得到。以前我就只能接受事实，认为是风干扰我集中注意力了——这也是因为我认为既然别人没有受到影响，那么我也不应该受到影响。但是，哪怕我这个人本性挺平和的，这种过度刺激还是会把我变得特别具有攻击性。现在我接受了自身的敏感性，通过积极主动寻找解决办法来处理我的敏感性。

在改变自己这方面，我努力了很久，希望自己能更加被这个社会所理解和接受。这个过程非常艰难。现在我只做让自己感到舒服的事，同时我也很感谢那些普通的汽车，敞篷汽车的梦想还是给别人吧。

弗兰齐斯卡，43 岁

了解——反思——接受——改变。弗兰齐斯卡的故事非常明确地告诉我们，一些敏感的人是如何忽视自己的需求的。因为他认为，自己应该和身边的大多数人一样才对。感觉自己和别人不一样的人，会总是希望自己能融入大集体中。当我们发现，尽管别人很热衷做某些事，而试图与他们保持一致的我们却无法从中获得快乐，我们就需要对自己敏感的个性有所了解了，这样我们才能更好地处理我们面临的问题。如果穿堂风给你带来了困扰，那么你就想办法消除它吧。如果你觉得太冷了，那就穿得暖和点儿，哪怕别人可能觉得惊讶——你怎么穿这么厚啊！当你去牙科诊室时，如果震动和声音让你无法忍受，那么就请你在开始治疗之前和医生约定好一个"暂停信号"。怀孕以后，一些女士虽然很开心也很爱自己的胎儿，但是当肚子里的宝宝不老实的时候，她们还是有权利喊叫、大哭甚至咒骂。因为这真的会让人感到很难受，濒临崩溃。如果用甩脂机运动之后，你总会感到不舒服，那么就请你换一种运动方式，哪怕会在效果上打一些折扣。

请你弄清楚自己需要什么，这样才能让自己舒服。因为每个人都有善待自己的权力。

这是关乎你切身利益的事。请你自己做主！

感官：我经历过 _____

3

健康

"健康乃是一种在身体上、心理上和社会上的完满状态，而不仅仅是没有疾病和虚弱的状态。"这是世界卫生组织（WHO）对"健康"的定义。我们是否健康或我们是否感觉自己健康取决于许多微妙的细节。它更像是我们的身体、心灵以及周围环境共同编织出的一张由无数关系组成的细密的网——这个系统到目前为止还没有一个科学家能够完整地解密。长久以来科学界认为所有人都是"一样的"，并由此产生了认知基础。它适用于大部分人，也是现代医学和心理学的基准。另外，大概没有人会去质疑良好的医疗条件吧。自从主流医学在我的大女儿出生以后救了她一命，尽管我曾经和医生就他们的治疗方法发生过许多小的分歧，我还是知道我们应该感谢主流医学。

在我们感谢科学进步的同时，有一件事也变得越来越明显：一种知识并非适用于每一个人。陈旧的研究结果不断被抛弃或继续发展。治疗方法以及药物因性别而异，儿童和高度敏感者在用药时应该适当削减剂量。有些药物少量服用可以治病，大量服用则会送命。不管是安慰剂效应、濒死体验、草药疗法，还是那些患了重病不接受传统治疗，不服用药物或接受手术也能恢复健康的人——这些数不清的事实一方面带给我们很多疑问，另一方面也说明凡事都有可能发生。另外，无论对症状进行怎样的治疗，要是我们不究其根源，治疗、手术等手段虽然都可以减轻痛苦，终归只是隔靴搔痒。我们在接受医生或者心理医生治疗的同时，也需要改变自己的生活方式以及对自己和世界的看法。

因为，如果我们不遵从心灵的声音，它就会把身体推到风口浪尖。

当我写下这句话的时候，我很清楚在健康这个话题背后隐藏着很大的危机。一方面健康产业许诺由于社会的老龄化趋势，经济会得到大幅度增长——因为可以创造就业；另一方面，链条底端的社会服务体系（也就是病人、老人以及虚弱的人受到健康人的照料）正濒临崩溃。为什么呢？因为那些以按件计酬的方式在照顾病人的健康人，自身也会变得越来越容易生病。2015年德国电视二台（ZDF）的一个纪录片《37度》中有一集是"按件计酬的护理员"，它用让人震惊的照片和文字向我们展示了德国医院以及护理机构的现状。而这仅仅是冰山一角……

但是，这也让我们清楚了，为什么敞开心扉，寻找新思维是值得我们做的：什么能增强我们的身体素质？人什么时候算是健康的？什么时候算生病了？如果我们已经生病了，那么哪种方法可以一直对治疗有效？还有，这些与高度敏感性又有什么关系呢？

活动与运动

过多的刺激会产生压力。当我们感到压力时，我们身体里那些可以追溯到远古时代的荷尔蒙就会被释放出来。在远古时期，这些荷尔蒙是为了逃跑而准备的。以前我们为了躲避敌人而逃跑或战斗，这样做能释放压力。但是现在我们在跟客户进行完一次艰难的谈话或者跟老板交涉之后，最多只会在午休时散散步。长此以往，压力带来的荷尔蒙并没有得到释放，反而越积越多……这是一种典型的情况，很多人在日常生活中总是会遇到这种情况，不管他是否属于高度敏感者。

由于长期伏案工作以及负担了更多的责任义务，我们在运动和保持身体健康方面花的时间越来越少。这对我们高度敏感者来说，更是灾难性的。由于我们敏感的感知能力，极具密度和深度的感受会提高我们的压力水平，因此在与客户讨价还价时，在和老板争吵时，我们感受到的压力比一般人的要大。门外建筑工地的噪音、同事身上浓浓的香水味、办公室里糟糕的氛围，所有这些都属于能够引起"逃跑反射"以及压力的刺激。但是我们能逃到哪里去呢？躺在沙发上静一静还是去运动？下面的故事会告诉我们，运动对于高度敏感者来说有什么意义：

我几个月前才知道，原来像我这样拥有特殊的感知能力的人还有一个名字，叫高度敏感者。我第一次听说时差点吓晕了，因为我一直都觉得自己跟别人不一样。于是我开始深入研究这个话题，回顾我的经历。我对自己感到自豪，因为我这一生都在凭直觉做事，而这些竟然都是高度敏感者应该做的，能够让我变得更加强韧的事。这又进一步激励我花费更多的时间照顾自己的身体和感觉。

小时候，我们家在很大程度上被经济方面的问题和其中一人的疾病所累，但是我的父母都很热爱大自然，喜欢运动；放学以后，我可以在树林里、草地上尽情玩耍，锻炼我的各种感官，沉浸在宁静之中，放空自己，还可以尽情追逐奔跑，攀爬，锻炼平衡能力，感受自己。今天的我作为幼儿园老师和生活顾问，希望现在的孩子们也能拥有这样的机会。如今，各种媒体、网络、时间压力和快节奏的生活方式给这个时代带来了太多的刺激，在这样一个时代中，对于高度敏感者来说，为自己创造机会去用心感受自己，是一件有着双重难度的事。其中最要紧的就是感受自己的身体！

我从小时候开始就非常喜欢运动，那时候由于拥有"扫描仪"型天赋（虽然那时候我还不知道这个概念），便在父母允许的情况下，尝试了所有可能的运动形式。在这件事上，我要感谢我的父母。我参加了体操协会、乒乓球协会、松涛馆流空手道，并作为青少年在游泳协会和田径协会中崭露头角。由于后两种运动，我有机会感受自己的身体、肌肉、竞赛的刺激以及自由的天性。而很幸运的是，所有这一切都建立在不与他人进行肢体接触的情况下。与他人进行肢体接触（例如在学校体育课上），对于我来说非常难受。对于我这种对多种运动都感兴趣的人来说，游泳和田径都是很好的训练，它们让我始终知道自己的目标是什么。除此之外，我还锻炼了内心的强韧以及自律，这为我以后的生活带来了很大的好处，因为很多高度敏感者都容易将时间精力浪费在一些无意义的琐碎小事上。

不过，临近高中毕业时我领会到了跳舞的快乐，这份爱好一直持续到了今天。每逢周末我都会在拐角处的舞厅和跳狐步舞的朋友们碰面。在那儿，我不仅可以健身，锻炼节奏感、身体协调性、自我感知以及学习领舞与伴舞之间的配合，而且还可以学会和舞伴保持一个合适的距离，不让他的能量影响我。到现在为止，舞蹈都是我生活中最重要的调剂品之一，它也是一种非常好的机会——我能从中学会以非语言的形式与人进行交流以及有意识地创造一次愉快的会面。这期间有几年我因为忙于工作和恋爱关系中断了跳舞，到了三十五六岁时，我重新找回了对萨尔萨舞和狐步舞的热情，还接受了舞蹈治疗师以及专注力辅导员的培训。我还和舞伴以及同事一起做了一些讲座，其内容主要是：思慕环运动（*Smovey-Bewegung*）、身体感知以及自由舞蹈作为运动这一非语言性的方式是可能促进个性发展的。

去年的培训对我来说是一种非常好的经历，让我（再次）学习了相信自己特殊的敏感性，增强自己的直觉。这样，我不仅仅可以更好地为他人提供服务，而且可以成为自己的私人导师。

布里吉特·格布哈特，48岁

这是多么好的一个故事啊！我看到这里也立刻停止写作，出去溜达了一圈……运动不但可以减压，还是一种健康的生活方式。我们应该敢于向前走，而不是停滞不前，抱着自己的脆弱躲进压力里面沉睡。另一方面我们鼓励大家去尝试的也并非竞技性运动，而是柔和、持续的运动，它们可以帮助我们放松身心。敏感而强韧的生活，指的是对我们的身体足够重视，拿出时间倾听内心的声音，去感受什么是我们需要的，什么能让我们感到舒服，哪些事让我们变得强韧。

总而言之，运动起来吧！

精疲力竭

压力巨大且精疲力竭[①]——这是当代人的常态。它不仅涉及高度敏感人群，还涉及一般敏感人群。根据世界卫生组织制定的国际疾病分类（ICD-10），精疲力竭并不是一种疾病，而是对生活常见问题的一种描述。这种状态通常形成于几个月之内，会导致身体、感情以及精神上的疲劳。常见的原因是工作或者其他生活环境中的负担，它们会给人带来压力。与其他人相比，高度敏感者更容易由于过度刺激而产生过大压力，进而患病。这就给了我们另外一个理由去加倍关注我们的身体和心灵。

> 我以前无法想象我也会有精疲力竭的状态。我的父亲在我 14 岁时便去世了。我的母亲和我在这之后过得很艰辛。我当时总是觉得，我是一个坚强的人。我总是在打工，而且我也喜欢工作。后来我怀上了双胞胎，在怀孕期间就不得不请病假，在家卧床休息。之后我就休了产假。我在家待着的时间加起来一共是三年。

---

① 精疲力竭（Burn-Out）指一种精力消耗殆尽的状态。——编者注

重新开始工作的决定慢慢成形，并且伴随着一种矛盾的感觉。一方面我很开心，另一方面我也问自己，我是否真的想要再次去工作？同事们会说什么？时隔许久再次见到我，他们会有什么反应？我能够再次融入职场吗？在我不工作的三年中，很多事都发生了变化，比如工作的内容和流程。工作也不是全部。我还有孩子、丈夫和家务活。另外，我对自己的要求是，所有事必须100%顺利进行。由于我丈夫的工作需要三班倒，所以我还面临着额外的挑战——白天更频繁地独自在家带两个孩子。

　　最终，我决定做兼职工作：工作三天，然后休息四天（包括周末）。接下来，我就回到了我原来的团队中，在我离职期间这个团队多了几个新面孔，现在我和三个我认识的同事在同一间办公室办公。由于他们，我的入职变得容易了一些。和想象的不同，我并没有忘记太多的东西，很快就进入了工作的状态。

　　一切都进行得很顺利，我也觉得很开心。直到公司里的氛围变得越来越不平静，因为我们公司要搬迁了。换了新同事对于我来说本来已经是一种挑战了，重新排座位就显得更让我难以接受了。一位女同事和我约定好，在新办公室里也要坐在一起。这给我带来了一种安全感。但是，这一切对我的影响远比预期的严重。虽然之前在私下说好了，但我还是听到了一个让我不怎么开心的消息：我需要和三个新同事坐在一个办公室里，虽然我和他们三个相处得还不错，但是在老办公室时他们就一直坐在一起，已经形成了一个有默契的团队。我不知道该怎么处理这件事。我的身体也不太对劲。我都不知道该怎么从椅子上站起来了，因为我全身的每一块骨头都在疼。我以为自己是感冒了，第二天就去看医生了。当医生问我，他可以为我做些什么时，我内心的防洪坝彻底决堤了。我开始哭泣，根本停不下来。诊断结果是：精疲力竭。医生给我开了三周的病假。开始的时候我连动一动手指都感觉困难。我也在人生中第一次放下了家务。在这三周中，我慢慢恢复了，并且产生了重新开始工作的愿望，我也确实这样做了。不久之后，听了医生的建议，我重新调整了自己的工作时间。这对于我来说并不容易，因为我总是想让所有人都满意。如果我能接受朝九晚五的工作，我的老板会非常开心。但是我并不能做到。因此我就开始只为自己考虑，没有再接受这类工作。现在我每周工作四天，每天最多工作六个小时，然后休息三天。这种作息让我感觉更好，同时，我也更能集中注意力了。因为还有一些时间，尤其是秋天时，我会因为脑袋充满了各种各样的想法而睡不着觉。自从那时起我就开始服用药物来分散自己的注意力。我还会定期休息。当我坐在沙发上读书时，我就有了独处的时间，可以放空自己，哪怕家务活还没有做完。当我必须再次关注自己时，我的身体和心灵都会向我发出信号。现在我会听从它们了！

妮科尔，38 岁

妮科尔的故事告诉我们，对于高度敏感人群来说，日常生活中会有数不清的因素影响到他们：对自己和成就的要求、对身边人的社会性以及情绪性的感知，以及在面对大大小小的变动时体会到的不安全感。其中位于中心地位的是想要找到合适的"位置"的愿望——在工作中，在家庭中以及在社会中。这个故事还告诉我们，高度敏感者的优势与那些一般敏感者的相比，具有不太一样的表现形式。我们注意到，妮科尔在感到精疲力竭之后很快就恢复了，尽管面临着这样或那样的挑战，但是她想要重返职场的愿望还存在着。她会主动寻找适合她的出路，接受医生的建议，倾听自己内心的声音，回应自己的需求，并在有需要时停下来休息。这不仅需要勇气，而且需要做好心理准备——主动放弃事业有成的目标，从而获得更高的生活质量。

酒精与毒品

上文已经提到过，酒精和毒品对高度敏感者的影响更大。哪怕你使用的剂量很少，长此以往也会提升压力水平。为了达到你想要的效果，你需要不断地增加剂量。这很容易使人产生依赖性或成瘾性。而毒品是必须远离的。

在为撰写这本书查找资料时，我认识了安娜。她的故事触动了我，让我感慨万千。我想感谢安娜，她鼓足勇气向我们分享了她的故事，同时我坚信，她的故事可以帮助那些（高度）敏感的年轻人，使他们走上一条更加简单、不那么坎坷的道路。

我一直都知道，我比其他人要更敏感。我真正意识到这件事是在 2012 年年底的时候。我转学了，因此搬到了一个 5 人合租的房子里，我们 5 个人经常在一起。在和他们相处的过程中，我发现自己可以感受到交际的所有细节。哪怕是每一个动作、每一个眼神、每一句话，我都会尝试去分析理解，并且想要弄清楚它们背后隐藏的意思。哪怕是有人换了坐姿（可能他只是为了让自己感觉更舒适），我都会觉得他是在针对我。这让我感到很有压力。

周末我们经常会举办聚会，并喝很多酒。我也会一起喝酒。我发现，喝了酒以后的我就不会像清醒的时候那样能够感受到很多东西了。我可以更好地放松自己。在我喝了酒以后，周围的一切都会变淡了，无论是其他人发出的各种信号，还是周围嘈杂的声音。除了酒还有大麻烟。第一次抽这种烟时我感觉自己像飞升了一样。吸了两三支烟以后，我就可以躺下来，把注意力完全放在自己身上了。这是让我看淡周围一切的唯一方法。

这种吞云吐雾的日子我过了很久。后来我决定去澳大利亚的一家农场当实习生。到了那里以后，我发现自己面临着一种非常奇怪的状况。那里无比漂亮，但我却在10天之后选择了回国。之前我经常麻醉自己，而到了澳大利亚以后，我突然需要很多时间清醒地面对自己和周围的很多刺激因素。我不知道该怎么办了。新环境给我的压力太大了。国内的亲朋好友们看到我这么快就回来了，并不感到高兴。他们都不理解为什么我要放弃这么好的机会提前回国。这对我来说是段非常痛苦的经历。在这之后的一段时间，我又开始酗酒和吸毒。但是突然有一天这些都不能满足我了。我开始自残。我的内心有巨大的压力，因为我需要去消化处理之前的一段经历以及日常生活中敏感的知觉，但是我又不知道该怎么做。我试图通过自残的方式来减轻我内心的压力。一开始，这种方式确实帮到了我，因为通过身体的疼痛我好像又找回了自己。某一次我突然萌生了自杀的念头，我想完全摆脱这种压力……就在这时，我向一个朋友吐露心声，把所有心事都告诉了她。而她则告诉了我的父母，他们在2013年年底把我送进了医院。面对这种情况，他们也不知道要怎么处理——这也完全可以理解。在这期间，我对自己以及所有其他人都满不在乎。

我在医院待了5周。医生诊断的结果是：边缘综合征（Borderline syndrom）。治疗关注的是我应该正确地对待自己的感受，以及我可以做些什么来代替自戕。给我做个人辅导的是一位女医师，她时常因生病或旅游而告假。突然有一天我觉得自己在医院待得很不舒服，于是决定找另一个能跟我说话的人。我找到了另外一位女医师，直到今天我还是会去找她谈心。后来我回到了那间合租房，我就是在这里开始酗酒和吸毒的。重新回到这里后，我又回到了以前的生活模式。

之后，我的家人开始介入了，对此我无比感谢。他们照顾我，为我提供依靠直到今天。我和哥哥的约定使我不再吸食大麻。这是一个非常好的信号，因为哥哥在我跌倒的地方把我扶起来了。很久以来我都没有过这种被别人重视、接受、喜爱的感觉了。某天，妈妈来找我，开始跟我谈论高度敏感者这个话题，并且拿来一些书让我读。一开始我是完全拒绝，甚至有些反抗的。我觉得反正自己早已经被认为是异样、脆弱的人，而我也不愿再成为让别人戴着丝绒手套小心翼翼触碰的人。我把高度敏感和弱势等同了起来。不知道从什么时候开始我也变得好奇，并开始研究高度敏感性这个话题了。这么做让我放松了下来。我重新恢复了自信，心想："情况也没有那么糟糕嘛。我现在就能开始处理。"当我观察自己的家人时，我发现，我的祖父以及舅舅都有可能是高度敏感的人。但是我并没有跟他们谈论过这个话题。

现在，我又住在一个合租房里了，不过换了一座城市。我总是会从讲高度敏感者的书中得到一些建议和启示——该如何更好地应对外界的刺激，之后我会把它们付诸实践。这样，我的自我感觉越来越好。现在，我经常会一个人待在自己的房间里听听音乐，晚上我会抽出时间自己坐一会儿，不和任何人交流。这让我感到无比放松。我不再强迫自己融入小团体里。跟我一起合租的同伴们都知道了我是高度敏感者，他们对此也没有什么抱怨和不满。在对待毒品和酒精的问题上，我的行为发生了改变。我虽然有时候会喝啤酒，但目的不再是为了放松自己，而是因为我单纯地想喝啤酒了而已。我也不会因为别人在喝酒，就和他们一起喝。有时候因为没有机会喝酒，我可能连续两三周都不会喝酒。现在，我再次回忆在旧合租房里过的日子，感到迷离恍惚。我已经说不清到底在什么时间发生了什么事了。现在的我感觉酒精和毒品似乎把我对这段时光的意识和记忆都带走了。我现在变得和以前不一样了，对此我很感恩。

安娜，24 岁

安娜的故事明确地告诉我们，酒精和毒品对于她来说并不是解决问题的办法。但是这个故事还涉及其他内容。接下来我的一些观点可能会遭到很多医学家和心理学家的批评。但是，我还是想把我"不科学的横向思考"公之于世。我们从另外一个视角审视症状和诊断结果，尤其是致力于探究原因，为的是尽可能治愈疾病。我在查阅资料的过程中多次发现，根据国际疾病分类方法（ICD-10），一些行为会被认定为性格障碍、心理疾病、依赖性或成瘾性，高度敏感者会因被贴上标签而感到不舒服。如果他们被迫"只"接受治疗、住院和接受诊断（虽然这些在紧急情况下会有所帮助），就会觉得自己没有得到理解，而这也是他们不同寻常的敏感性使然。除此之外，还会引发其他问题。

许多高度敏感者自幼就觉得自己和别人不同，因此无法融入集体。如果在他们还不了解自身高度敏感性时，我们给他们一个诊断结果，给他们贴上心理疾病的标签，这无疑是给他们的自我价值感增加了一道新创伤。许多对自身高度敏感性不自知的人，在最初接受了"成功的"治疗之后，很快就会故态复萌，症状非但没有消失，反而因接受治疗发生了恶化。

要分清高度敏感者的性格特征和心理疾病的表现，这一点很重要。某种未被发现的高度敏感的性格特征有可能会助长心理问题。但是会被治疗的总是心理疾病。因此，关注高度敏感性很重要，只有这样，治疗才能奏效。因为，如果在治疗之后或期间我们的生活总是存在过度刺激和压力，那么心灵永远不会痊愈。

在安娜的故事中，她的问题似乎与学业以及合租房有关。在这个合租房里她几乎没法静下来，寻找归属感的社交压力给她带来了严峻的挑战，导致了不健康的行为。因此，对于安娜来说，在康复的道路上有以下几点重要的因素：

- 在关键时期，医院里的主流医学以及心理学做出了第一步（有价值的）贡献，在接下来的过程中安娜的治疗师起了很重要的作用。

· 安娜从她的家人那里感受到的归属感给了她支持和依靠。

· 另外还有一件事很重要：她了解到，敏感、与别人不同是没问题的。相应地，她改变了自己的行为和习惯，而不是让自己屈服于社会的压力，做一些长期来看会让自己变得越来越脆弱的事情。在这里我指的不是酗酒和吸毒，而是要求自己时刻与别人保持联系与交流，从来不给自己一个专属空间。

有一些理论表明，人的敏感性可能会在某一个（没有被发现的）创伤的影响下得到增强，因此他的心灵变得更容易受伤。安娜的例子也印证了这个理论。在将故事的手稿交给我之前，她曾在一封电子邮件中写道："在治疗过程中，我的进步很大。目前我正在处理以前的一个创伤性经历，不得不说，那件事对我的生活造成了很大的影响。"

心理学家西尔维娅·哈尔克认为，造成心灵创伤的原因可能不仅仅有事故、自然灾害、战争、暴力以及性侵犯，对高度敏感来说，其他的一些事件也都可能造成心灵创伤，例如分娩。在这些方面，我们或许能找到治愈的方法。

与心理治疗同等重要的还有对日常生活规律进行调整，它们可能会对敏感的人产生重大的影响。例如，在合租房中经常给自己独处的时间。记住：无论如何都需要转变思想，这样敏感者、他们的家人以及身边的人才更加容易有所改变。决定选择其他道路通常要经历一个漫长的过程，有时候会伴随泪水，并且需要感情、思想方面的灵活性。除此之外，勇于展现自己的敏感性也是不可或缺的。

在这个背景下，这一点非常值得思考：如果很多高度敏感者从小就对高度敏感这一话题有所了解并且被身边的人接纳，那么他们的人生会发生怎样的改变呢？虽然这个问题我们无法回答，但是思考一下还是很有意义的……

饮食

是否回归古代石器时代的低糖膳食，采取海伊节食法、新陈代谢平衡、全价值营养、生食主义、不吃鱼和肉类或者严格素食主义？当我们开始研究饮食这个话题的时候，我们会吃惊地发现，其中存在着千百种可能。但是我们怎样才能找到正确又适合自己的饮食方式呢？怎样才能打破旧的饮食模式呢？

从很久以前我就开始了解、认识自己，改变那些给我造成困扰的因素。但是很长时间以来，饮食这个问题都没有得到解决。所以，我致力于寻找对我身体好的以及对我身体不好的食物。

受家庭影响，我一直是一个真正的"失意的馋猫"。当我心情不好时，我就会寻求额外的满足感，比如去吃巧克力。这件事已经困扰我很久了，我也尝试过去改变。后来我终于找到了一个切入点：作为（未经国家考核但持有开业执照的）行医者，我在和病人接触的过程中积累了很多经验，并了解到健康这个话题对于不同的人来说有不同的标准。我认为，身体会将它需要的东西告诉我们，并指引我们去自己想要去的方向。除此之外，我还知道，我对安静、亲密的需求会不停地发生改变。

在过去的几个月中，我越来越多地将这个知识应用到我的饮食习惯中。在给自己做饭之前，我都会暂时停下来问问自己：我对什么有胃口，我现在需要什么？在购物的时候我也会听从这种推动力的指示。最近我常常把芝麻菜买回家。之后发生了什么呢？不仅我热衷于此，我的家人也是……当然，在涉及什么对我有好处的问题上，我现在还不总能保持正确，但是我觉得，我正在变得越来越好。另外还发生了一些事：我并没有刻意限制自己吃巧克力或者其他食物，可是我的赘肉竟然悄悄消失了。而且我感觉现在自己在做关于饮食的决定时也不像之前那样刻意了。这种感觉太棒了！

我认为，让很多外部的所谓有用的饮食建议影响你，其实帮助不大，因为它们的出发点虽然是为你好，但是实际上会让你产生恐惧感。对饮食的基本常识是重要的，受到激励也是重要的，仅此而已。

我的结论是：和生活的其他方面一样，对于饮食我们也要对自己负责，需要找到哪些食物对我们的身体是有好处的。

英格，49 岁

让我们选择正确的饮食方式，把疯狂的节食以及营养专家们的争相推荐抛诸脑后吧！让我们回想那些自己原本就可以做得很好的事：有意识、坦诚、从容、安静地倾听内心的声音。这种思考应该尽可能频繁地进行。当然，在生活压力大时，我们未必能如愿。在出差、孩子生病或者参加家庭聚会时，我们都不太可能吃到身体急需的东西。而电影院、戏院或者歌剧院等场所短期内也不太可能会供应蔬菜奶昔。但是实际上我们也不是一定要追求完美。我们要的是有意识地进行选择——只要条件允许。否则，"新的"食物不但对我们的身体没好处，反而会成为身体的另一个负担。

一个实用的建议：如果你不是一个人生活，而是经常和你的伴侣或家人一起吃饭，那么你需要了解对方的饮食习惯，并时刻准备好灵活应对。请你坦诚地跟你的伴侣和孩子们谈论你的饮食愿望，也请你尊重其他人的需求。如果晚餐时没有吃到想吃的蔬菜，请你不要抱怨。你可以与爱人沟通，请他下次准备晚饭时考虑做一些蔬菜。

感受

高度敏感者的感受丰富、深刻又强烈。哪怕没有外部的刺激，我们丰富的内心生活也是五光十色、闪闪发光的。如果受到了一些外部的激励，我们的情感会产生波动。它们给我们的日常生活刻上烙印，丰富我们，让我们成长，并且一生如此。

> 感受对我来说就像蝴蝶。它们有极其漂亮的颜色，能展翅飞翔并伴我一生。它们一次又一次地为我指引道路，直到我学会了信任、重视它们。
>
> 无法抑制的、高度敏感的、强烈的感受一直伴随着我。当我还是小孩子时，我几乎不能控制它们。当我悲伤时，我的妈妈会一连几个小时坐在我的床边，试图安抚我，了解我的内心。

但是她很少能够从我嘴里问出什么来，因为我认为自己内心的感情并不重要。关键的一点是，她陪在我的身边。她的陪伴向我传达了一个重要的讯息，直到今天我还是无法忘记："哪怕你一句话不说，我也能够理解你，我爱你，爱你原本的样子。"妈妈的这种爱让我知道，她会永远支持我，做我的依靠。

初为人妇时，女儿是如何在我的身体里生长的，以及我赋予她生命的这个过程都给我带来了最强烈的感受。对我来说，让她知道我完全接受她的一切、她原本的样子，也是很重要的。现在，我能够从她那里得到相同的感觉，这让我感觉非常幸福。

可能每个人都要学会战胜生活中的厄运，我的命运也曾非常坎坷。母亲的早逝以及第一任丈夫在新婚后几个月内离世让我高度敏感的悲伤感受达到了高潮，给我带来了非常大的挑战。同时，它们也让我变得强韧。

强韧地面对生活。

强韧地面对当下。

强韧地面对此时此地，这样我才能接受事物原本的样子。

强韧地面对身边的人，我可以感受他们的感觉，倾听他们的心声，在他们需要的时候伸出援手。

但是这种强韧是我最近才感受到的，在此之前我走过一段漫长的路程。在我的第二段婚姻中，我高度敏感的感受被当作缺点，而我不仅没有反驳，还不知不觉地相信这是我的缺点，因此变得越来越隐忍。最终离婚铲平了通往自我的道路。

现在我相信自己和自己的感情，对我前进路上五颜六色的蝴蝶感到高兴——不管它们给我带来的是阳光还是阴暗。因为我知道，它们的每一次振翅都会给我力量，让我成长。

乌莉，62 岁

感受可以非常美好，如同阳光一样灿烂，也可以如同黑夜一样阴暗。无论何种感受都是我们身体的一部分。所以启蒙运动带来的后果是非常可怕的：理智占据统治地位，感受无处容身。现在，我们遭殃了。但是，在如今这样一个以成就为导向，反对感性的社会结构中，越来越多的人不再买账了。他们走出来了，一些人是出于自愿，但很多人并非自愿，而是由于心理以及生理的疾病。当我们忽视自己的感受时，无处释放的感受就会造成精力的堆积，从而引发这些疾病的产生。

人是有感受的生物。我们必须允许自己有感受。我们的感受需要空间来发展自身，而我们也借此来释放它们。如果我们压抑它们，那么不知何时它们就会疯狂地发展，不再受我们控制，从而导致疾病、抑郁或自我憎恨。对于高度敏感者来说，学会如何与自己丰富的感情相处是特别重要的，同时我们也需要理解这样一个事实：没有哪种感情是坏的。我们越是试图赶走恐惧、悲伤、气愤、憎恶或者鄙视这一类感情，它们就越是会以更加强烈的方式来证明自己的存在，因此我们留给开心、惊喜、幸福和爱的位置就会越少。当我们学会正视并欢迎自己的每一种感受时，这些感受就有如清澈见底的湖水。因为，只有不被允许出现时，感受才会变成阴暗、深邃、臭气熏天的下水道。

内心柔弱的人反而拥有很强烈的感受。这是因为感受迫切希望被了解。

躯体感觉与疼痛

当我们的灵魂哭泣时，身体也会有反应。这对我们有好处，它可以帮助我们做一些对我们有利的事。当我们听音乐时，我们会凝神聆听。而倾听身体发出的信号，同样是有意义的。这些信号，尤其是身体的疼痛，在高度敏感者的身上经常会出现得比一般敏感者早。疼痛可能是"真正的"疾病的预兆，这时我们就需要注意了。但是疼痛也并非意味着我们生病了。对高度敏感者来说，疼痛有另一层意味。即便是高度敏感者，也很难彻底理解这层含义。因为我们知道，疼痛总是与疾病和受伤紧密联系着。我们从小就知道：疼痛是坏事。有一些高度敏感者不仅能感受到其他人或生物的心情和感受，还可以觉察到身体的疼痛。理解自己的身体是如何运转的，是一个漫长的过程。至于这个过程是什么样的，下面便是一个例子：

我花了好多年才弄清楚自己的身体是如何运转的。我说的"运转"不是指生理性的新陈代谢或各个器官的作用。我指的更多的是感知身体作为反应器官的能力。从我的身体感知到它的状态，不是立刻把它定性为疾病，而是作为一种尺度，用来衡量我对自己的身体的了解程度。

在生活中，我有时会感到迷失了自我，无法很好地感知自我。这时我会去关注其他人和我周围的环境。我那时以为这就是所谓的"帮助者综合征"。但我并没意识到：很明显，我的身体成了我的"辅助工具"，它想要教会我感知自我。等到我明白这一切时，我发现自己已经经历了漫长的过程，在这个过程中最显著的特点就是一再地看医生。我的足痛风不停地反复发作，有时候严重一些，有时候干脆变得特别让人讨厌，因为我的身体里一直存在着潜在的疼痛。这有时会让我走向绝望的边缘。最严重的是我总是感到牙疼，而经诊断，我的牙齿并没有什么病理性问题。

逐渐地，我越来越频繁地感受到自己内心有一种脆弱的小情绪，它轻声对我说："你是健康的。"但是我的日常生活以及疼痛的经历却向我展示了不同的景象。我快疯了。由于我从事的是救治工作，因此我所接触的人大部分都遭受着病痛的折磨——身体上的或心灵上的。

在我这里接受过治疗之后，患者们身上的痛苦就会突然消失了。这引起了我的沉思。我越来越频繁地问自己："为什么我可以很好地帮助别人，却帮不了自己？"

后来，我开始与自己的身体对话。我不再在疼痛一出现时就进行反抗，而是去感受疼痛。现在我意识到，身体的疼痛对于我来说是一种信号，它告诉我，作为一个高度敏感的人，我应该多给自己一些时间，为自己做一些事。

我亲爱的身体，感谢你一直为我服务，并且坚持不懈地让我知道，你希望我做什么。

——布丽塔·希尔德布兰特，47岁

在一些人看来，这样的故事听起来很玄，像是编造的一样，但是我们之中确实有很多身体感觉异常灵敏的人。尽管身体一切正常，他们还是会感觉到某种疼痛。如果我们从另外一个角度来观察这些过度敏感的疑病患者，可能会对他们的病态行为产生另一种理解。布丽塔的故事鼓励我们把科学研究的成果与其他理论结合起来，哪怕这些理论还没有完全"经过研究"。只要有可能治愈或更好地了解自己，能让我们获得更高的生活质量，我们就应该尝试。

药物以及治疗方法

避孕药或者宫内节育器带来的荷尔蒙，可以打乱女性本身的生理周期，导致她们心情抑郁。抗生素在极端情况下可以挽救人的生命，但是频繁使用会导致严重腹泻和肠道菌群失衡，进而降低免疫力，结果会导致感冒。使用普通剂量的麻醉剂后，被麻醉的身体部位在很长时间之后才能重新恢复"自由"。如果想让头疼的症状在5分钟之内消失，那么只使用少量的止疼药就好。有些治疗方法就是不起作用，甚至还会加重病情。以上这些事例，许多高度敏感者都有深刻的体会……

另一方面，我们也知道，良好的饮食、放松、运动可以让人变得更强壮，还有一些到目前为止一直都非常有争议的治疗方法。高度敏感者中有很多人都相信针灸、颅骶疗法、草药疗法、量子医学甚至是手掌按摩，因为他们有曾经被治愈的经历，而其他人感觉不到任何变化，因此也不相信这些东西。

我们都可以观察一下自己身边的人，总有一些人更相信正规的医学疗法，还有一些人会通过其他的方法来保持自己的身体健康。

综合医学将正规医学和自然疗法结合起来，并且要不了多久人们就不再需要面临二选一的情况了。进行治疗最重要的一点是，不要围绕着症状胡乱进行试验，而是要追根溯源寻找病因。在长期寻找解决病痛的方法之后，加布里埃尔也做了这样一个决定：

我有多重化学物质过敏症（MCS），对很多不同的食物也不耐受。在经历了多年无果的就医历程之后，最后我选择了一个私人诊所，这个诊所是由一对父子共同经营的。父亲已经快要退休了，但依然有很高的积极性，也非常有名。在我们开始一种新的药物治疗才三周时，他对我说："这真是好奇怪啊，所有原本应该起作用的药物，在你的身上完全没有产生效果！"就这样，我中止了不计其数的药物治疗，它们总是会加重我的疼痛，而不是改善我的病情。

就是从这一刻开始，我开始认真对待我的身体和内心的声音。甚至是单纯的植物疗法我的身体也不是特别喜欢；我能承受的舒斯勒盐[1]的剂量甚至比婴儿的还小……为了更好地了解自己和身体，我决定参加（未经国家考核但持有开业执照的）行医者培训——目的是健康地生活下去。

——加布里埃尔，48 岁

这个故事告诉我们，尽管我们能从外界获得帮助，但最重要的

---

[1] 威廉·亨利·舒斯勒（Wilhelm Heinrich Schüßler）医生提出了一种治疗方法，可以利用身体必需的几种盐来治病。舒斯勒盐有药片的形式，也有药粉的形式。——译者注

是始终和自己保持联系，时刻倾听内心的声音。

不论为改善自己所做的尝试失败了多少次，请重新站起来，昂首挺胸，像加布里埃尔一样重新选择一条道路，永远都不算晚。这条路是很多高度敏感者的选择——为自己负责。她没有再去尝试一种会给她的身体带来负担的治疗方法，而是开始倾听自己内心的声音，抛弃旧的认识，积极地寻找有帮助的方法。为自己负责并不意味着从现在开始不再接受其他帮助，而是为自己着想。还有就是对待别人的看法，他们的出发点是好的，但是我们不能把他们的建议当成法律，而应该当成一种可能性。

安 静

> 我要写一首静的颂歌……静，它在你思考的时候保护你……静谧的思想张开她的翅膀，因为，如果你的灵魂和内心不安，那么一切都将变得晦暗。
>
> ——安东尼·德·圣-埃克苏佩里，《小王子》

有这么一句谚语："安静就是力量。"直到今天，它也依然适用，尽管（或者因为）我们今天生活在一个毫无安静可言的社会中。是时候好好研究一下安静这个话题了。

几年前我就了解了自己的高度敏感性，从那时起，我就有意识地这样生活着。我不再觉得自己在这个世界上是一个错误，走自己的敏感道路，让别人笑去吧。以前人们会嘲笑我的敏感，可随着时间的流逝，他们越来越能接受我的敏感了。有时候，我感觉他们甚至在嫉妒我的敏感。我身边那些信任我的朋友们也由我带领着走上了这条道路，我和他们一起走了一段路，直到他们对自己的高度敏感性也有了安全感。对我来说，随着时间的推移，高度敏感性已经变成我的优势了，我获得力量的途径是寻找安静，尤其是当我的心灵和身体提醒我时，我就会静下来休息。平静、安静、休息……

当我怀着感恩的心回顾从前时，我会发现，生命曾毫不吝啬地赐予我很多平静和安静。当我还是小孩子时，我会连续几个小时地躺在草地上，观察天空中飘过的云朵，它们可以变化成各式各样的形状：人的脸、动物……当我成年，成了一位母亲之后，我尽情地享受着和女儿在一起的时光。我们经常一起去山里或海边散步，尤其是在山里时，那种无法描述的静谧让我们的灵魂都安静了下来。在海边，海浪的波动和它们发出的声音，也让我们安静下来。

我的工作是财务会计，在工作中我坚持放松休息，不管刮风下雨，我都会去散步，它成了我工作中的一种仪式，它可以让我暂时忘记脑袋里的各种数字。我会观察隼、滑翔者以及大自然每天的变化。作为外婆，当两个非常活泼好动的外孙女在我身边时，我不会休息，而是会把内心的平静传递给她们，她们会把注意力集中到我们一起做的事情上。从这两个女孩儿身上得到的爱，让我感觉非常幸福。

乌莉，62 岁

这个故事已经说明了问题，它体现了安静的心灵，并且表达出高度敏感的人对安静的深刻体会。这个故事启发我们，不仅要坚持休息，而且要在生活中合理安排休息时间，把自己的自由时间安排得轻松宁静。

睡眠

在一天快要结束时，安静地躺在床上，温柔地进入甜美的梦乡，是一件多么美好的事啊……但是事情并非总是这么简单。敏感的人和高度敏感的人同样都在思考睡眠这个话题。长时间不睡觉的话，我们就无法生存。身体、精神和心灵都需要定期进行休息；为什么会这样，直到今天科学也没有给出解释。当压力很大时，我们就不会做梦了——梦是一种重要的工具，我们通过它来加工白天的经历。因此，对于高度敏感者来说，有规律、优质、充足的睡眠就显得尤为重要。关于睡眠这个话题人们的经历各有不同，但是可以肯定的是或多或少都和下面这个故事有些相似：

我属于认知型高度敏感者，脑袋里总是有很多想法。在晚上入睡时也是这样。自从我接受了自己丰富的思想，我就知道了，它们是我的一部分，是我的同伴，也就不再感到困扰了。我可以为入睡这段时间选择一个让我觉得舒服、美好的话题，一个我愿意回忆或者思考的话题，之后再开始思考。大多数情况下我可以很好地入睡，但是有时候这些想法也会让我完全清醒。比如半夜时会想出一些新点子，这时候最重要的是把想法写在纸上，这样就不用一直记在脑子里了。这样的夜晚有时候会很漫长，而且特别有意思。可如果第二天我需要早起出门，比如有一个重要的会面，那么就有点让人生气了。无论如何，我在这段时间里了解了一件事：即使身体很疲惫，头脑还是可以很清醒的。因为我并不想错过这些"高产"的夜晚。在这样的晚上，我最终会产生一些想法，并在工作中很好地使用它们。让思想自由迸发这个想法其实基于很久之前的一个经历。

在我的第一份工作中（当时还是民主德国时期），生产线上有一些战前的机器。那是一些流水线作业的工作，工人们总是在重复相同的动作，没人喜欢一直做这份工作。从事行政管理工作的人们每天要轮流来替班，做"义工"。我也要做这个工作。一整天工作在流水线上。站着工作一整天之后，我都要累死了，一回家就躺在床上，但是却睡不着。因为我在半睡半醒之时，还在重复着白天流水线上的动作。我开始组织这个动作。但是这样反而让我完全清醒了。第二天早上我感觉精疲力竭……终于有一天我受够了在晚上与流水线工作做斗争了。它耗费了我太多的精力。我不再反抗，而是顺其自然。夜里流水线的工作在继续，我猛然惊醒，不一会儿又睡着了——然后一切就都过去了。白天的经历得到了消化处理，它就会让我安静地休息了。

赖马尔·林根，54 岁

白天发生的事需要经过消化加工，因此会妨碍我们晚上睡觉；做梦会把我们从睡眠中叫醒；在半睡半醒之时我们想到了一些有价值的想法——不管是哪种情况，了解并观察自己的睡眠需求，也可以形成一种轻松的工作和生活方式，就好像特尔克的故事告诉我们的一样：

> 以前我认为，我必须每天早早到办公室，不能睡懒觉，因为睡懒觉对我的生意有坏处。自从我开始允许自己睡懒觉（而且也不向客户隐瞒这件事），我总是能在睡眠的最后阶段想出一些与任务或设计有关的好点子。到了办公室，我只要把这些想法付诸实践就可以了。有时候我还会跟客户开玩笑说，他们应该为我的睡眠付钱。
>
> 特尔克，32 岁

内心的平静

一种由快乐主导的，一切都很简单的生活……在人类社会刚刚形成时，我们就在追求幸福。我们会有这种愿望也是很容易理解的：永远站在高峰，感受自由，欢欣鼓舞地享受着令人陶醉的美景——当然是在阳光灿烂的日子里。但是恰恰是这种对幸福生活的设想扭曲了我们对美的看法。在追求完美和幸福的过程中我们失去了对小事的关注，这些小事让我们的生活变得更加丰富多彩。而更糟糕的是，如果幸福被标榜为最高级的目标，那么所有人都会努力爬到世界的最高点，没人愿意待在山谷里种植粮食，照顾果树，缝制衣服。幸福生活的基础也就消失了。

幸福的基础在山谷里。忧伤、悲痛和泪水是我们感受幸福的前提条件。

> 我喜欢听忧伤的音乐。缓慢的节奏、庄严的旋律最能引起我的共鸣。这种音乐适合静心聆听，因此对于我这种高度敏感者来说是一种享受。音乐的旋律有充足的时间展开，心灵也有充足的时间进入情境。这类音乐能让我的内心变得尤其丰富。但是我并不是一个容易悲伤的人。相反，我认为，恰恰是这种忧伤的音乐使我更加深刻地感受到了生活的快乐。
>
> 研究幸福的学者认为，心灵不会永远在高处。它必须能够在高低之间摆动。恰恰是忧伤的低谷让人们变得更能感受幸福。而且我坚信：被人们深刻感知的忧伤可以保护心灵，使其免于陷入苍白的抑郁。
>
> 赖马尔·林根，54 岁

想要感知轻，需要先感知重。那些打乱我们日常生活的危机，让我们拥有了新的视角，对生活有了新的认识，使我们能够更深刻地感知幸福。它们也让我们变得更加强韧。许多高度敏感的人经历了悲伤的阶段，开始怀疑自己是否能够胜任生活。但是这种怀疑仅仅基于社会结构和要求，并非（高度）敏感的特质。

当我们偶尔感到悲伤时，便让眼泪肆意流淌，这样做有什么不对的吗？当其他人感到悲伤，希望独处时，没人有权力把他们称为病态抑郁者。只要我们在那之后重新获得生活的力量，或走上新的道路，那么就没问题。如果你觉得在那之后自己没有获得新的力量，生活也停滞不前了，那么就应该警觉起来。这时你需要寻求帮助，深入研究持续的悲伤到底想告诉我们什么，并且为自己创造更充裕的休养期。

但是，如果悲伤时常来敲门，那么请你有意识地为自己创造一些空间，正面迎接悲伤。因为眼泪可以净化心灵，洗涤所有情感的伤痕，为许多微小而美好的时刻开辟道路。

健康：我经历过 _____

4

工作和职业

职业的选择关涉着未来的发展，但我们在年轻时几乎无法展望这一层面。因此，尽早研究自己的优势和性格中的强项和挑战，就显得尤为重要了。因为构成我们性格肖像的因素远远不止数学、语文和英语。如果从小学开始就关注孩子们的软能力和性格，给他们介绍不同的职业和生活模式，让他们拥有更多安静和无聊的自由和时间，那该有多么幸福啊！因为无聊可以产生创造性和好奇心。

持续正面地把知识灌输给人们，会让他们成为模仿者和重复者。他们会变成勤劳的蚂蚁，而不是能够轻松承担起自己责任的革新者和解决问题的人。我之所以敢这么说，是因为我以前也是一只勤劳的蚂蚁，也许是一只不普通的蚂蚁，但我确实是一只蚂蚁。直到我的体系开始罢工，经过艰苦努力的我终于找到成为革新者和问题解决者的道路，我终于了解了：

1. 构成生活的要素很多，远不止我受过的教育。

2. 我的工作也会随着我的成长而发生改变。

3. 我必须把我敏感的个性、个人价值以及想要完成使命的愿望与工作的开展有意识地联系起来，否则我就会丧失生活的力量，我的身体也会罢工。

在商界工作的人总是忙碌不堪。虽然灵活的企业越来越多，不再有森严的等级制度，体系也更加开放，但是这些人的日常生活还是很晦暗的：每周工作40~50小时，经常加班，开放的办公室，无法自主的休息时间，相当少的私人空间，没有自决权，恪守规定办事，没有发挥创造性的空间，工作节奏单一。这些涉及的不仅是高度敏感者，甚至是所有人。德国企业医疗保险公司（BKK）2014年发布的健康报告向我们发出警报：心理疾病曾经不具有什么重要地位，但是在过去的30年中，心理问题造成无法工作的比例已从2%上升到了14.7%。与此同时，因心理疾病而产生的病假时间增加了5倍。它们成了导致人们无法工作和病假产生的第二大疾病，由心理疾病引起的病假的平均长度是40.1天，比其他疾病的病假时间（13天）多出两倍。联邦德国职业安全卫生局2011年的统计数据表明，由于心理疾病，国民经济和企业每年大约要负担160亿欧元的损失。预计到2030年，这个数字将会上升到320亿欧元，这一数额相当庞大了。在这些数字背后是一群人——一般敏感者和高度敏感者。这与伴侣关系有关，与家庭有关，与失望有关，也与挫败感、眼泪、悲伤以及恐惧有关。

因此，德国政府在2013年将每个工作岗位的风险评估机制写入职业保护法，这一举措显得尤为重要。新增的条款是一条重要的条款，也是迈向正确方向的一步。把对人们的各种不同的敏感性的认识添加到企业健康管理框架内的心理健康理念中，对于所有研究高度敏感性的人来说都将是一个挑战。因为，我们不能只关注80%的同事，而忽略另外20%的同事。

这20%的人因何产生了触动？他们经历了什么？他们在和什么做斗争？他们会把什么样的优势带入工作中？接下来，我们将一一解答这些问题。

职业选择和使命

学习一种技能，工作一辈子，偶尔参加一些职业培训，最终在某一天退休……很多人对职业生涯的想象都是如此。对于一些人来说，他们的父母已经替他们做好了决定，包括他们将会成为什么人，或者在大学里要学什么专业。对于另外一些人来说，除了选择差一些的职业培训或者大学专业以外，没有别的选择。还有一些人在高中毕业之后连续几个夜晚睡不着觉，翻阅大学和职业培训手册，非常绝望地问自己，到底哪种工作是自己能从事一辈子的？对于很多高度敏感者来说，选择一个职业并不容易，因为他们很早就能感受到自己内心有一种热切的向往，他们想要做"对的"事。而且这与我们是否了解自己的高度敏感性无关。它贯穿着职业选择的始终。高度敏感者的适应能力比较强，总是在追寻意义——他们是工作中的变色龙。

高度敏感的人可以完全融入周围环境，并且了解到这里需要什么。因此，我"表面上"看起来很忙，总是在不断付出，不管是在父母的家里，还是在上大学期间的兼职工作或是后来的职业培训和工作中。我时刻做好准备用别人的视角看问题，要求自己竭尽所能，却从来都没有满意过。因为领导们总是这样想：这人自愿付出这么多，咱们可不能拦着他啊。但是，由于没有回馈或表扬，我就感受不到评价的基础了。而对于自己，我学会了忽略，再也无法感受到自我。

　　11 年间我曾经在德国 5 个不同的联邦州上过学，接触过各种各样的教学计划。17 岁高中毕业时，果不其然，所有人都劝我去学医。我也很勇敢地学了三个学期，此外还学了两个其他的专业。三个职业培训以及相关的结业考试又把我带上了成功的道路。

　　在大学期间，我通过在晚上做兼职来支付学费和生活费。生活和学习对我来说从未如此有趣过，以前在中小学时我完全没有这种感觉。在职业培训中情况就变得更好了。我充满了激情，也取得了最好的成绩，我担任过飞机机械师、火车司机、铁路调度员、博物馆引导员，建设过私人铁路，还自己创过业。我经常无休止地加班，以牺牲家庭为代价，最终结果让人失望——精疲力竭加财政赤字。

　　为了生存下去，高度敏感者必须学会"不"和"停"这两个字。恰恰是对所有人的移情能力以及对未来的预见能力，随时准备助人的动机和强烈的责任感，对人有巨大的危害。非常规的工作方式，适当的固执，或只能做兼职工作，这样做的目的是让你在面临工作和很高的要求时，仍能重新找到生活的乐趣和对万事万物的兴趣。对那些既有时间做运动（意味着活动、阳光、新鲜的空气、水），又有时间享受美味佳肴、真挚的拥抱和温柔的人来说，哪怕很敏感，他们也可以找到满意的工作、生活的乐趣、责任以及童心（这一点无论如何都不能少）之间的内在平衡。这既是我在长期努力后的经验之谈，也是我的信条。生活还在继续。幸运的是有像约纳斯·约纳松（Jonas Jonasson）以及其他感觉灵敏、幽默的斯堪的纳维亚作家，他们用他们癫狂的生活观念来帮助我们，让我们相信生活，不再对那些错误耿耿于怀。

安德烈亚斯，54 岁

我们对自己的高度敏感性了解得越早，就越有机会去研究职业选择和使命这个话题。而且这里我们要说的也不是"我们是否愿意一辈子从事我们选择的职业"这个问题。职业道路越来越灵活。如果我们能对简历中的缺陷或漏洞负责，并且对它们做出解释，那么它们就不再是致命伤了。横向思考者以及眼光独到的人变得越来越受欢迎。重要的是，我们要选择能触动我们内心且符合我们天赋的基础教育。这才是正确的道路。使命可以从工作生活的经验中获得，所需时间因人而异。播种时，我们需要耐心等待才能收获。但是收获是肯定会来的，即使在此期间有一些害虫会来侵害我们的庄稼，给我们带来一部分损失。有些路即使崎岖不平，也是值得我们走的。

可以感受到对方发出的信号的所有细节，可以感应到其他人发出的或者人与人之间产生的"电磁波"，可以感知到这些"电磁波"在社会层面和感情层面的细微区别，是一件非常幸运的事。但有时候这也可能是一种苛求——对双方来说都是。因为不是每一次接触都需要深入研究、分析、长时间地反思或反馈。人与人之间的交流也是具有自发性和不受拘束的轻松性的，这一点我很难做到。

我是早教以及治疗领域的社会教育学家，在我的研究领域中一个很重要的话题就是人与人之间的交流和关系，这也是我工作中的基本元素。而且，我一直都很热爱自己的工作。但是作为一名妻子和三个孩子的母亲，要打理自己的房子和一个大花园，加上还要工作半天，在健康方面我总会感到力不从心，尽管我的丈夫已经帮我做了很多家务活。我从来都没有时间安静下来将自己在人际交往中获得的多方面感受进行分类整理加工，更不要提学习用合适的方式来处理它们。放松对我也不起作用。我几乎快崩溃了，然后就生病了。不知是偶然还是命运：最近这个循环结束了，因为我在困境中找到了自己的使命。我从这个生活危机中找到了力量，参加了一个治疗师的辅助培训，成了精神运动康复治疗师，并且我为自己设定了一个框架，不仅可以更好地把我的能力应用到工作中，而且可以更好地理解它们，积极发挥自己的能力。

当然，这个过程肯定伴随着自我分析，这样才能把我身上发生的事和那些在治疗中认识的孩子的经历区分开来。但是，对于我来说，在这次培训中至关重要的是，学习如何正确地处理情感上的各种近乎相同的感觉。我开始有意识地关注自身对各种经历的反应，把它们当作治疗的工具充分利用，而不是忽视它们。以前，我把自己的天赋当作上帝的诅咒，而现在我可以视它们为财富，并在工作时从中获益。对于我来说，心灵的语言以及人际关系变得更容易理解，也更加透明了。我也清楚地认识到认知层面以外的一个新能力对相互感应和交流来说有很重要的意义。在日常的治疗工作中，我会陪伴着孩子们，让他们能够以积极的方式改写自己的人生。孩子们会向我倾诉心事，在游戏中通过他们的身体以孩子独特的方式向我传达他们的愿望、心思、恐惧和矛盾。通过这种方式，他们带着我一起成长并且融入我们共同的世界中，这对于我来说是一种礼物。针对他们寻找自我以及如何在生活的多极化中找到正确位置的问题，有时候我可以给他们一些启发或答案。我的角色通常是简单的倾听者、他们生活的参与者、一个交流的对象、一面镜子，我起到的作用是教会他们认识自己和爱自己。对于我来说，通过与这些孩子的接触，我找到了自己内心的孩子：他们被自己的感情所控制、阻拦，不能适应我们这个社会对孩子的要求，或者无法成功地隐藏自己，适应环境。每个孩子都有自己的故事和非常棒的个性。如果我当年也遇到一个帮助我认识我的潜力、允许我和别人不一样、成为集体中的一部分，那么我会有多么开心啊……

加布里埃尔，50 岁

加布里埃尔的故事告诉我们，当我们能从积极的意义上意识到自己的能力，并把它们应用到自己的工作中时，我们会有什么样的满足感。故事的字里行间都透露出这条路有多么艰辛。但是这条路看起来是值得走的。她做到了。

成功

到底什么才是成功呢？又是由谁来定义成功呢？答案很简单，同时也很复杂。当我们确定目标并达到目标时，我们就是成功的。从根本上来说，如何表述我们的目标以及如何定义达成目标的条件，都是我们自己的事——要么成功，要么失败。但是我们该如何处理以下这些情况呢：当我们发现，我们想要达到的目标其实根本不适合自己，却又必须适应它时；当我们一次又一次经历失败时；或者相反，当我们为自己确立了一些不同寻常的目标，并且达成了，可是其他人却不以为然时，我们会有什么感受呢？

高度敏感者是社会中的少数群体，在这个社会中，大多数人追求的目标和我们不一样。我们这个社会中的教育、职业评价体系是针对多数人制定和定义的。但是，我们努力去实现自己的成功模式——利用时间和空间去认识自身和个人目标，还是非常值得的。

生活中缺少持续性是过去让我感到负担最重的话题之一。我在面试时很难解释自己的简历。而且我也一次又一次地问自己："我为什么就不能专注做一件事呢？"

了解了"扫描仪"型特征之后，我一方面完全轻松了下来，觉得心里的一块大石头终于落了地；另一方面又向自己提出了一个问题："现在你要怎么处理这个事实呢?"一时间，我也不知道该怎么办了。

之后我又重新回顾了一下自己之前的境遇，思考如何才能把自己的不稳定以及总是想要尝试新事物的欲望转化成积极的东西。答案就是：将每个项目划分成若干一目了然的短期项目，在每个短期项目中处理不同的新话题和新问题。当然，还要尽量和新的伙伴一起工作。自从我开始这样计划自己的生活，基本上所有事都变成了一个个小的单元。各个环节紧密相连。我安抚了自己的好奇心，同时找到另外属于自己的成功和持续性。人不能一直与自己的本性背道而驰。现在我在为公司提供企业经营方面的咨询，为个人提供个性化咨询。数值对于我来说不是起决定性作用的。虽然我可以以它为标准衡量一个方案是否可行，但是方案本身是以个性为基础的。高度敏感的人在思考问题时不会将思维局限在"季度"这类条件里的。还有就是为成功确立一些其他的标准。

阿尔内·萨里希，49岁

我们要受到社会和教育体系的影响，而我们的教育体系针对什么是成功以及为了成功必须做到什么做出了非常详细的定义。简单来说，成功的定义是这样的：成功就是赚大钱，并且很快爬到事业阶梯的顶端。不走这条路的人，需要付出很多创造性的努力，才能较好地推销自己。想要脱离这个体系的人，需要鼓起勇气，承担风险，贯彻执行。最重要的一点是：对自己以及自身潜力、优势和价值有一个清晰的了解。然后，自我意识、自信心以及可靠性才能不局限于传统意义上的成功，从而得到发展——这是为自己确定合适的目标，以自己的速度实现大大小小的成功的基础。最后有一个好消息：就业市场在发生根本性的变革，具备个性和能力的人现在备受青睐。如果你清楚地知道自己想做什么样的工作，有什么样的目标，那么你就能感觉到，下一步该如何走才能迈向成功。如果不是，你可以从现在开始踏上发现之旅。各就各位，预备，出发！

他人的标准

与其他人相比，高度敏感的人在成长过程中会更经常感到自己不合群。正因为如此，我们中的很多人都走上了普通人的道路，想要用和其他人一样的方式让自己的生活变得成功。不知道从什么时候起，我们便产生了怀疑。我们的生活方式似乎不太正确，总是被别人牵着鼻子走。大多数人觉得很正常的任务、工作时间和工作条件，对我们来说却有可能是一个巨大的挑战——尽管我们有意愿和动机去完成它，也对自己有很高的要求，希望自己能像大多数人那样以更稳定的方式来安排自己的生活和工作。但是当其他人很自然地在这条路上轻松地慢跑时，我们却被绊倒了，摔倒在一片叫作自我怀疑的荆棘丛中。我们尽管满身疮痍，却并没有丧失对自己工作效率的要求。结果就是：我们的压力变多了。我们的身体和心灵迟早会给我们发出信号，大声呼喊："注意了，你的生活出问题了。"而且，在我们开始重视这些信号之前，它们的声音会越来越大。这一点是毋庸置疑的。

精疲力竭为我敲响了警钟。我将近50岁了，以为自己知道自己想要什么：虽然我是单亲妈妈，总是有一些"小痛小痒"，有时候会做白日梦，而且它们也总是会妨碍我完成那些我认为正确的工作，但我还是希望能和其他人一样成功，也不枉费我受过的高等教育。我以为，如果我再努力一点，再多改变一点去适应社会，多关注基本的事务，那么我就有可能在工作上更进一步，在社会上取得成功……但是，事实证明，这样的想法是非常可笑的。看看事实上我得到了什么：失眠、精疲力竭、不知所措、偏头痛、心跳过速、时常与周围环境发生冲突。有一天，我再也无法忍受我自己以及我所过的生活了。我都变成什么样了！

我和自己定了一个契约：如果我能够拿到导师培训的奖学金，我就辞职！事情也确实是这样发展的。我放弃了一些东西：工作、跟某些人的友谊、抽烟以及其他有害的习惯，然后轻装上路，却不知道该往哪里走。我所知道的事情就只有一个：我知道我现在是在倾听自己内心的声音。这是一条通往自我的道路，经过独处、在大自然中多做运动以及给自己留够空间，我终于认识到：如果我想保持健康，那么我就应该过属于自己的、有自主权的生活。我还意识到：我是一个高度敏感的人。

然而在刚刚开始时，要承担这个决定造成的后果并不容易。我总是在抱怨经济问题、有关部门、雇主和医生。但是，每次当我禁不住诱惑想要再次回到以前的老路上时，我内心深处的那个声音（或者说好朋友）就会明确地告诉我，我现在走的路是正确的。在此期间，我成了持证导师，承担了与当地高度敏感者交流的任务。渐渐地我开始敢于为高度敏感者们提供越来越多的个人想法。让我感到惊喜的是，我提供的想法也得到了他们的认可！我为我的工作对象设计了自己的训练方案，并且再一次感受到，当我保持真我，做属于自己的事情时，他们的反馈是最好的！以前我改变自己去适应环境，放弃自我，任由他人决定我的生活，而脱离这条道路对我来说真是一件值得做的事！因为，只有当我认识和接受了自己的敏感性，才学会了为自己着想，让自己决定自己的生活——这样的我可以更好地给别人支持和帮助，让他们找到属于自己的力量。

布尔吉特·赖纳，47岁

不管是精疲力竭，还是身体以及心灵方面的其他形式的警报——在面对自我、我们所爱的人以及社会时，我们有义务去倾听，同时越早行动越好。想要拥有自主权的愿望以及对一条道路的向往（尽管我们的父母、家庭或者朋友认为那很荒谬）和我们对融入社会这件事的抗拒无关。这是一种高度敏感的知觉，它让我们几乎不可能长期健康地待在一个给我们带来持续过度刺激的环境中。即使我们的理智决定坚持做某一个工作或走某一条路，也并不意味着我们的身体和心灵会跟着一起做。我们可以决定让自己打起精神，适应环境。我们的主要动机，也就是生存的、经济上的安全感，是可以理解的。而且，走另外的道路需要自我反思的勇气、处理危机的勇气以及放弃一些物质的东西的勇气。但是我们必须决定如何定义自己的个人安全感，想要把它建立在什么样的基础上——是在对不稳定生活的恐惧的基础上吗？是在一些让我们变得弱小、消耗我们的力量、让我们生病的情境的基础上？还是在信任的基础上？——虽然它们会对我们提出高的要求，但同时会让我们变得强韧，让我们找到自我，为这个社会做出自己的贡献。

金钱和财政

货币是公认的交易和支付工具。很奇怪的是，钱也可以用来买钱。这是什么意思呢？这是一种滑稽可笑的体系，当下越来越多的人开始质疑它。几十年以来，这个世界的金融专家们宣扬，赚钱很简单：只要把所有事情都做对，根据资本运作的规则就可以赚到很多钱。那个咒语叫作复合利率。每个人都可以变得富有。真的吗？全球的 73 亿人都可以吗？

现在，随着时间的推移，有一个事实变得越来越清晰：赚钱变富并不是每个人都能做到的。但是错误不在于金钱这个概念本身，而是在于体制。金钱基本上还是个好东西。有了钱，我们就能保障自己的生存权，购买食物和卫生纸。吃进来的，必须得排出去……但是仅有这些是不够的。我们还需要更多——房子、衣服、技术、健康、交通工具，甚至也会为了一些虚幻、不存在的东西花钱。对于很多人来说重要的是，获得越来越多的东西，越来越好的质量，尽可能得到最新的东西，同时尽可能付出最少的代价。网上交易让顾客变成了讨价还价的高手，他们想要用越来越少的钱获得越来越多的服务。电商做出示范，但是很多线下的小商户却无法做到。顾客并没有变成懂得感恩的国王，而是变成了独裁者。他们在压价，遇到不喜欢的东西就退货。企业必须不断降低生产成本，因此质量也就相应地下降了。而那些工人得到的就越来越少了。少数富人积聚了越来越多的财富，他们变得幸福了吗？或许仅仅有钱还不足以让人感到幸福？变富是什么意思？它对于每个人来说都意味着相同的东西吗？研究表明，当人们的收入达到一定数目以后，获得更多的收入并不能让他们变得更加幸福。

当金钱和高度敏感性相遇，金钱就不仅仅是一种交易和支付工具了。

许多高度敏感者对金钱以及和金钱有关的事物的看法都十分复杂。我们向自己提出这样的问题：我想要如何赚钱？我想为一家企业工作吗？如果是，那么为哪家企业呢？我的工作值多少钱？我要钱是想买什么吗？我想要欠债吗？我需要多少钱来维生？怎样的生活能让我有力气去赚钱？

> 我和金钱的关系比较特殊。因为与其说金钱是一种支付手段，还不如说它是一种获得尊重、关注、谢意的工具以及表达快乐的方式。所以对我来说，花钱是一个复杂的过程，这一点也就不奇怪了。不管是买食物、衣服、家具或者电器，我在购买之前都会向自己提出很多问题。我会想：通过花钱表达出来的针对售货员、生产商以及产品本身的尊重是否恰当？产品是在何地，以何种方式生产出来的？它们符合我在道德和环保方面的原则吗？店家和售货员讨我喜欢吗？他们诚实可信吗？我现在把钱花出去，我会感觉舒服吗——哪怕花钱这个行为不一定是很理智的？

这个过程会一直持续到我再一次购买新的东西。

作为一个独立的人，金钱对于我来说也是自我价值方面最大的老师。我可以自己"评价"和代表我的工作、行为、存在、专业知识、敏感性和能量的价值。我最有价值的认识是：作为高度敏感者以及感觉灵敏者，我需要充裕的修复时间以及属于自己的生活和工作节奏。之后，我才能成为顾客们最好的陪伴者。在我把这个意识内化之后，我的敏感就变成了促使我成功的最大因素。我学会了如何把它当作我真正的优势并加以利用，从此以后把它当作宝贵的工具。我每天都在训练自己的敏感性，给自己很多时间休息。这也意味着，我必须把这些时间也规划进生活中。

在信任方面，金钱对于我来说也是一位特殊的老师。因为我的收入不是很稳定。如果出现许多意想不到的刺激，我就必须花时间反思自我。如果我出于策略性的理智思考离开了岗位，那么我的工作就会相应地变少。但是，如果我（尽管在理智的制约下）相信自己的感觉，遵循我认为光明、轻松、温暖和精彩的道路，金钱还是会重新回来的。这对于我来说总是一种严峻的挑战。能带给我安全感和满足感的并不是金钱，而是我对自我、能力以及敏感的天赋的信任。只要意识到这一点，所有的跌宕起伏便是值得的。而且我也一直对我的高度敏感性和灵敏心怀感激——它们赋予了我一种如此丰富多彩的生活。

因加·达尔霍夫，40 岁

因加的故事真诚坦荡，也表明了高度敏感的人与金钱的关系。

交流、信赖以及责任与金钱相关，它们对我们来说非常重要。意识到这一点，并带着这个认识去生活，是最基本的。此外，我们需要意识到，并不是所有人都能有意识地以诚实、尊重的态度对待金钱。不管我们是否愿意，作为生活在"残酷"经济世界中的敏感者，我们几乎没有其他的选择，只能批判性地深入研究金钱这个话题。让我们给自己时间去思考和实践我们与金钱的关系。不论顺利与否，重要的是，我们找到了属于自己的对财富和金钱的定义。为了30年后有一栋属于自己的房子，我们希望现在就债台高筑吗？也许到了那个时候，我们为了修缮房屋就又得贷款了。我们能经受住房地产融资带来的债台高筑的压力吗？还是如果我们保持灵活性，我们会更加快乐、轻松呢？

当我们成立一个公司时，便需要考虑：我们想要接受多少外来资金呢？慢慢建立这个公司，让它缓缓成长，是否更有意义？我们真的想要一间"大"公司吗？如果是，那么哪些伙伴是对的？有着不同的价值观的人能一起共事吗？偶尔会有不同世界观的碰撞。一些人具有较高的道德要求，想要提供合适的报酬，奉行"质量高于数量"的原则，认为首要的不是利益最大化，而是处理好各方的关系，成为顾客的好伙伴。而另一些人学到的知识是这样的：只有在利益最大化、成本最小化的情况下，生意才能正常进行。他们并不把"我对待所有人都一样坏"当作一句笑话，而是当作权力拥有者的正常姿态。我们进入经济社会后，要牢牢记住一件事：我们要关注自己的需求，尊重直觉，而不是美化自己，因为这样做是理智的（从传统经济的角度看），同时下一个"有意义的"步骤应该是：对于我们中的很多人来说，一小步一小步地不断向前，要好过大踏步地走。大踏步地走，虽然能少走几步，比较理智，但是会产生一些我们无法承受的事物。

职场

以前，人们住在山洞里。现在呢？我们住在地狱①。只不过，在此期间，它改名叫房子了。有一些小一点儿，有一些大一点儿。事实是：我们需要让自己感到舒适的私人空间。以前，人们走出山洞为的是寻找食物，或者说他们一出门就陷入了战争。现在呢？我们走出家门去工作，也是为了赚钱买食物。有些工作也挺像战争的。我们每天为了生存而斗争。战场之一：开放式办公室。在这里每个人都处于监视之下；所有人都必须永远努力，没人能退缩；交流必须顺畅，不能浪费任何时间。最终要达到的目的是，降低成本，提高效益，实现盈利不断增长（以牺牲人为代价）。有一件事早已十分明显：开放式办公室里永不缺席的噪音以及氛围，对内向的人来说尤其是一种巨大的挑战，即便对外向的人来说也是如此。再考虑到（高度）敏感的人，开放式办公室虽然能给人努力的意愿和积极性，但是实在让人无法忍受。

在上一份工作中，我和二三十人一起坐在一间开放式办公室里。这间大约10平方米的办公室被分为三组——留给每个人

---

① 德语中 Höhle 一词可以表示山洞，也可以表示地狱。在这里作者用了同一个词的两个意思。——译者注

的空间并不大。我们的工位由一个个半高的遮板隔开。我一旦坐下，就看不到我的同事们了，但是我可以听到他们说话。另一方面，只要我站起来，就可以看到坐在我旁边的同事了。我上班的日子总是这样开始的：早上我走进办公室，可以感受到每个同事不同的情绪和他们发出的各种各样的"电磁波"。其中一个女同事刚刚开始恋爱，坐在我旁边的男同事正在经历爱情的烦恼，第三个同事的孩子生病了，第四个同事家里正在办丧事。在我正式开始工作之前，同事们就已经引起我内心的混乱了。而工作时，我便很少能够真正集中注意力。当我暂时进入工作状态没多久，不知道哪里响起的电话铃声也会让我再次分心。我感到压力变得越来越大，工作起来也越来越敷衍。这让我很不开心，因为从根本上来说，我是一个对工作有很高要求的人。我变得越来越不满足，因为我想要做出点成绩，但是却做不到。同时，压力也在不断增加，因为我的工作是有完成期限的，无法按期完成的工作也越来越多。对有名望的人进行电话采访也是我工作的一部分。当我正在进行电话采访时，身边时常有人在讲述刚参加过的一次聚会或笑话，这非常不专业，在这种情况下我总是会为他们的行为感到羞耻。

　　这使我完全陷入了窘境。不知道从何时起我的身体也开始对此做出反应了——我的脸上得了神经性皮炎，同时伴随着非常严重的疼痛。乍看之下，这一切真是一场灾难。但是这种情况最终也促使我开始思考自己的界限，因为皮肤代表着人与外部的分界线。我工作的地方是一家制药公司，所以一开始我就明白没有什么药膏能起作用。之后我完全依赖于自然产品，而且选择了辞职。辞职三周之后我的脸好了，生活又恢复了平静。这是多么深刻的领悟！当我把一切掌握在自己手中时，我就能到达自己想要去的地方。了解了这一点后，我便发誓：下次一定要在有单人办公室的公司里工作。事情也是如此进行的：在我去新的公司面试时，我坦诚地告诉面试官："如果我可以有一间能关上门工作的办公室的话，我会非常乐意就职于贵公司的。这样，我就可以更好地进行科学性的工作。当然，我也愿意时不时地把我办公室的门虚掩着或干脆打开，方便同事们与我交流。我觉得这并不是一种特殊待遇，而是让我有私人空间，这样我才能集中注意力进行工作。"女老板同意了，就这样，我拥有了一份新的工作，一个属于自己的办公室。正视自己的敏感性，坦诚地处理它，这一切都是值得的。

安妮，42 岁

倾听来自自己的信号，认识自己的界限，在一切都变得不顺利之前得出结论。安妮的故事明确地向我们展示了错误的工作环境会造成什么后果。为了改变糟糕的情况，我们需要非常勇敢地行动。这也是一种"生存的灵活性"。对于大多数人来说，辞职是一种巨大的挑战，毕竟我们还是要"走出去"才能保障自己的生存。好在近来涌现了一些其他的解决办法，例如在家办公，成为自由职业者，选择兼职工作或者给高度敏感的人提供属于他自己的办公室……这些都是不错的选择，能让我们把每天的战斗变成职场中快乐的游戏。

会议

那些在大中型企业中工作过的人，都对会议文化有所了解。几乎每天都要开会，也有不少人心里会产生这样的疑问："这到底是唱的哪出戏啊？"玛丽昂·克娜丝（Marion Knaths），女性领导力导师，希柏斯公司（Sheboss）的老板，在自己的书籍和视频中以诙谐幽默的方式向我们描述了会议中男性和女性的交流方式有什么不同。女性交流的目的是维持联系；她们的沟通注重社会性，强调促进关系的发展。她们会一直看着参会人员，顾及所有人，但是没人在听她们说话。下一秒钟，公司里的"人精"向老板表达了相同的观点——然后成功！男性交流的目的是区分等级。那些想要在事业上勇攀高峰的人，必须时常"向下看"，以确保他的位置不受到威胁，在向"第一名"这个方向努力时，他力争永远都以最好的姿态表现自己，不计代价。这位"人精"表达出的观点其实并不是他的观点，可是这一点没人感兴趣。他是第一个把这个观点灌进领导耳朵里的人。到目前为止，情况非常完美——一点也不！对于我来说，这个针对我经常观察到的现象做的简单的分析其实是一种揭露。女性在很多领导力培训中受到敦促，希望她们能够效仿男性。这是一个好主意吗？我觉得，如果每次开会都有一个高度敏感的人出席（不管是男性还是女性），情况都会比现在的好一些。因为高度敏感者的交流方式和其他人不同，他们可以带领领导团体达成目标（前提是他们拥有敏感强韧的自信），而这与他的职务是不是领导无关。

当众讲话对于我来说并不是什么大问题。我对听众越了解，我就越觉得这件事简单。我是否喜欢这群人，对于我来说不重要。如果某个会议上谈论的不是公事，而是八卦消息或某个人的自我表现，对于我来说就有很大影响了。在这种场合中，我会保持沉默，因为我不喜欢闲聊。我觉得那些大公司的会议尤其紧张刺激。在这种情况下，我总是觉得自己像个外星人。作为一个高度敏感者，听到别人所说的话，我总是能产生更多的理解。也就是那些会议室里的氛围和"电磁波"。要是人们撒谎了，我可以看出来。当人们在展示成果时，我总是看得出对方在美化成果。但是，这些似乎并没有让任何人感到苦恼，除了我。我总是能看得出那些厚颜无耻大肆宣扬的人的伎俩。比真正的结果更重要的是作秀。在我年轻时，这对于我来说是一种负担。直到我问自己：我到底为什么在这里？我在这到底是干吗的？我会来参加这些会议，是因为它是我工作的一部分。但是我的内心是十分抗拒的。

刚开始时我尝试着和同事沟通这件事。但是很快我就发现，我的这种反应是别人所不希望看到的。人们开会的目的很少是为了得到一个结果。会议更像一个舞台，让那些想要在事业上更进一步的人展示自己。直到今天，这种自我吹嘘的会议对于我来说还是一文不值的。

当我还在这一类大公司工作时，不知道从什么时候开始，在举行这种会议时，我会为自己安排其他有意义的事情做，以免出席这种会议。而在那些真的要讨论重要议题，做出决定的会议上，我学会了如何领导参会人，虽然我并不是团队中的最高级领导。我会通过提问，而非介绍自己的方式，带领整个团队完成会议任务。有趣的是，会议之后我收到了反馈。我被同事们称为"波涛汹涌中的中流砥柱"，在他们看来，我为大家创造了不少安静的时刻，让大家省去了很多针锋相对。这是一种非常棒的反馈。那时我还不知道自己是一个高度敏感的人，只是凭直觉制订了这么一种方案，并无意识地实施了它。后来我对自己的高度敏感性有了了解，开始有意识地实施我的"提问方法"。

弄清楚自己为什么比别人感受到更多，和别人感受到的东西不一样，对于我来说是一种解脱。而且还不仅仅如此。同时，我也理解了，其他人比我感受到的要少，也不会刨根问底。现在，我知道了，在会议中，我可以利用我敏感的知觉把注意力集中在那些没有被人们说出来的内容上，并借此找到解决问题的方法——这样一个角色是我现在有意识地在扮演的。

阿尔内·萨利希，49 岁

这篇关于会议的描述，道出了社会主流交际文化的一部分真相。但是它也告诉我们一些其他的事：即便是这些高度敏感的男性也不能、不想和"人精"们同流合污，他们不想参与到那些骄傲自负的"孔雀"们的等级斗争之中，这些虚荣的"孔雀"骄傲地开着屏，根本没有注意到，在他们炫耀、作秀的同时，并没有时间和精力去关注真正重要的话题……

在这些"强势的"争斗以及"柔弱的"摇头之间，流出了一个好消息：谁能意识到自身的敏感优势，谁就有能力支持领导或成为领导者，而且由于我们考虑到了所有人的福祉，所以不会有人特意唱反调。就这点而言，我们其实可以选择一幅"智慧顾问"的画面，用来描述高度敏感的人在经济和社会发展中做出的贡献。我一度非常抗拒这个说法，因为它有可能被人误解——好像我们高度敏感者独占了智慧似的。当然事实并非如此，每个人都有属于自己的优点，而且这样很好。

人际网络

在商务和社会生活中，如果没有人际网络，一切都无法正常进行。每一个组织和系统都是以人与人之间的关系为基础的。只有在集体中我们才能达成自己的目标——不论是经济的、企业的、政治的、社会的或者私人的。线上和线下的人际网络都处于繁荣发展的时期。在这样一个生活模式的种类日新月异的时代，对与志同道合者的交流和相互支持的需求也很大。至少在独立创业、成为企业家时，人们是无法避开一个良好的人际网络不谈的。

灵敏的感觉有可能在人际网络中成为一个巨大的挑战：不计其数的人，各式各样的信息、刺激，寻求外界与自己的理想和价值的平衡的需求。知道这个事实对于高度敏感的人来说是一件好事。

喧嚣的人群和高度敏感的人——他们搭配吗？或者，对于那些比普通人更加敏感的人来说，与人们聚集在一起加上近距离的肢体接触是一种挑战。但是在人际网络中，这种情况是不可避免的。在我知道自己属于高度敏感者之前，每次团体聚会都会让我有一种很不舒服的感觉，在当时我还无法解释这种感觉。但是人们也没有发觉我的异常。自从我独自组织了一次女性展会之后，我就经常通过聚会与客人会面。第一次团体聚会我永远都不会忘记：一位年长的"生活经历丰富的"女士组织了一场聚会并邀请我参加。我进入房间的一瞬间就有种奇怪的感觉，尽管我原本满怀期待。因为我开车行驶了250多公里来到这里，自然是想度过一段美好的时光。当时我还不知道，这种奇怪的感觉其实和空间、气味也有关系。那时候是秋天，尽管才下午3点钟，天却已经很黑了。房间里的壁炉发出噼里啪啦的响声，热气和味道充斥着整个房间。房间里昏暗的灯光让我很苦恼。

当活动的组织者开始讲话时，她的笑容和笑声让我很不舒服——我觉得它们很假。我还在想："天啊，不要这么做作好不好。"后来她走向我，我能感受到的只有她的牙齿、她硬挤出来的假惺惺的微笑以及她竭尽全力表现出的"好心情"。我觉得特别难受。这个组织者还有一位女同事，她显得非常温柔、友好，我很喜欢和她说话。可惜的是，这个"假笑女王"根本不让任何人靠近她的同事。她完全掌控着场面。如果是今天的我，肯定会离开或做些别的让我好受的事，但是当时的我在那里忍受了3个小时，满眼的都是她的假笑和她的牙齿。在接下来的几周中，她的脸不停地出现在我的脑海里，我在想："不了，谢谢，如果这就是团体聚会的话，我真的不想参与。"但是，通过这一晚，我也学到了一些积极的东西——有一个人在这天晚上向我走来，对我说了一些话，这些话我平日里也经常能听到："好奇怪啊，我虽然不认识你，但是我总是感觉我得跟你说点什么。这些话，我从未跟别人说起过。"

这次可怕的团体聚会充斥着这种过度刺激，自从我知道自己属于高度敏感者以后，我就把这次经历转变成一些积极的东西了。2008年我自己建立了一个女性商业团体，因为人际网络对于我来说很重要，而且我也希望它有别于自己以前经历过的团体聚会。因为在面对人际网络时，与一般敏感者相比，高度敏感者觉察到的挑战更多。灵敏的感觉使他们能够透过现象看到背后的本质，而且不被外表所迷惑。他们可以感受到看不见的"电磁波"，在事发前感受到当时的气氛。餐具是否发出了叮当的响声？门是否发出了吱吱嘎嘎的声音？人们是否会碰到对方？到处都很混乱吗？人们谈话的声音是否太大？现场的总体情况过于嘈杂？如果今天的我遇到这种情况，会选择直接离开。因为现场的基本氛围在一定程度上反映了活动组织者的气质。她们的干劲或者能量会立刻在房间里传播开来，影响现场的气氛。如果这是一种会让我不舒服的能量，我是能感觉出来的。但是，有的时候，虽然现场的氛围让我不舒服，但是留下来会比较有意义。因此最近几年我也参加了一些体育类的团体聚会。在此期间，我发现这件事其实挺有趣的，我在这类集会中表现得像专业人士一样。我几乎可以分辨出人们想从对方那里获得什么。当我们意识到高度敏感性赋予我们的优势时，就可以从网络中获取很多有用的东西，并且充分利用它们。我的建议是：如果你觉得某次集会让你觉得不舒服，那么你应该接受自己的界限，哪怕这意味着你得中途退出活动。因为我们如果不倾听内心的声音，就将比普通人承受更多的过度刺激和压力。如果下一次集会很成功，我们也会更快乐。

桑德拉，45 岁

　　桑德拉的故事肯定是很具有代表性的，它反映了很多高度敏感的女性和男性在踏入人际网络的广阔天地时的经历，不管他们是自愿的，还是被迫的。每个人不同的高度敏感性特质，也和他们的人格属于外倾型还是内倾型有关，人际网络的挑战对于每个人来说都是不一样的，针对这一点，我有几点建议：

　　准备：在你出发之前，请你努力让自己安静下来，做一些准备，并且要适当地休息。如果条件允许，请你提前去看一下团体聚会的场地。请你为自己预留出足够的时间，避免在刚抵达时就感到压力重重。这样，你不仅可以不慌不忙地寻找停车位，还可以在现场人数不是很多时入场。除非你想在所有人的注视下入场……如果可能的话，请你看一下宾客名单，这样你就可以提前与那些你觉得自己比较喜欢的或比较有趣的人建立联系。这样做的效果非常好，你可以借助社交网站或活动的组织者与他们取得联系，前提是选好合适的场合和时机，以免让人感觉突兀。

　　活动：请你感受会场的气氛，并且关注自己的需求。你想呼吸些新鲜空气或喝点东西吗？如果会场提供了食物，那么请你不要仅仅是出于礼貌而取用这些食物，而是思考一下，什么食物对你的消化系统以及大脑有好处。请你找一个让你感到舒服的位置坐下——针对这一点，我给大家讲一个我的小故事：我曾经参加过一个团体活动，这个活动中有几个很有名的演说家也来了。在第三个演说家演讲之前，我就已经快要受不了了，但是我感觉自己应该留下来。

一般来说我喜欢坐在前排。但是这个房间的结构和气氛让我选择了后排靠边的位置。这是一个正确的决定，因为这个演说涉及紧张刺激的街头艺术、火、高轮车等，在这样一个密闭的空间内，这些东西给我带来了很大的困扰，如果我坐在前排与这些东西近距离接触，我一定会提前离开会场的。我最终选择留下来，事实证明这样做是有好处的，因为接下来我与演说家的对话成了一段非常友好的交往的开端。

活动期间如果你感到不舒服，那么请你坦诚地面对自己：这个活动让你得到了自己期待的东西吗？回想一下促使你来参加这个活动的宣传口号或者目标，你在这个活动中找到它们了吗？你喜欢这个活动的氛围吗？参加这个活动的人是你能与之共事的人吗？通过这次活动，你获得了进步吗？如果这些问题的答案都是肯定的，那么很好。如果相反，那么你就要考虑一下继续留下来是否值得了。或者你需要一段短暂的"充电"时间？那么请你到外面做做深呼吸，专注于自己的身体和思想。这有助于你保持清醒的头脑。

活动后要做的工作：休息。休息。休息。之后请你把注意力集中在自己的任务上，与你在活动中遇到的人及时建立联系。在这个过程中请使用自己比较偏爱的社交媒体途径。如果有具体的话题，你可以通过邮件的方式和他们交流。请不要期待很快收到回复。高度敏感的人往往比其他人更有责任感，如果有人没有给你回复，很可能并不是在针对你个人，而是因为他的精力放在了生活中的其他事务上。请你等一段时间，然后再试着联系一下。如果他想和你联系，迟早会和你联系的。

结论：高度敏感者应该学习团体社交。请你把握机会，因为团体是一个练兵场，你会遇到很多同伴。找到了正确的团体，你的生活（包括工作以及私人的）也会因此变得丰富多彩。

自我价值感

如果我们对自己的期望太高，会给自己带来很大的压力。这种压力也会损害我们的自我价值感，让我们开始怀疑自己，不知道从何时起还会造成身体上的疼痛。如果我们已经形成了固定模式，该怎么办呢？放弃？忍受疼痛？还是相信改变，好奇地寻找新的解决方法？下面的故事讲的就是一位女性是如何开始做这件事的——如何勇敢地审视自己的内心，在这个过程中有何经历、想法以及感受，以及在写作过程中内心发生了哪些变化。这是一个勇敢的、充满正能量和信任的过程。

从周一开始我将会迷失在工作中。有太多要做的事了。远远超过了在我度假之前一周能够完成的量。我将会面对很大压力，每天都很紧张，暂时无法顾及自己的需求。我将没有时间喝水，休息和放松。我将不知从何处下手，因为所有事都很重要，在我度假之前都必须要完成。我将会有这种感觉：在我度假回来以后就没时间处理度假以前和期间未完成的事了。我将处于时间压力之下，工作时间将会比我预期的更长。我将会完全处于压力之下，我的情绪会出问题，身体也会不舒服。

然后就又是我的错了。因为我没有照顾好自己，我太弱不禁风了。我连喘息的机会都没有了。我完全受制于旧的模式，哪怕我尽全力去反抗它。这让我在工作之外也承受了很大压力，导致我在业余时间什么都做不了。我需要时间从压力中解脱出来，学习如何与自己相处。我感到很不满意，因为我本可以改变这种状况，而不是怨天尤人。

在我写下这些想法时，我意识到自己忘记了呼吸，整个人非常紧张。我的想法又放大了这些事，以至于整个周末我都精疲力竭，几乎没有力气做任何事。期待已久的假期现在对我来说也没什么意义了。我将会带着压力上路，无法平静下来。是的，事情就是会变成这样，是我让它变成这样的。是我让自己承受这么大压力的。我好像很需要这样做。但是这有什么用呢？会有积极的收获吗？

我沉浸在自我之中，世界上只有一个我。我对那些我爱的人心怀愧疚。在我都不爱自己的时候，他们却留在我身边给我爱。我觉得自己很渺小，我惶恐不安。

但是我感觉自己很渺小，惶恐不安这件事有什么积极的意义吗？也许这种紧张和痛苦正是旧的生活模式中仅剩的一点。我选择这样做也是为了感知自我。也许是摆脱这种旧模式的打算令我过于恐惧了，那么摆脱了它以后我又是谁呢？如果我摆脱了它，我的生活模式里又会剩下什么呢？我发现，仔细研究自身生活模式的每个细节并写下来，能让我舒服点儿。那就这样做吧。

当我再次阅读这些资料时，我突然明白了：这就是我——几十年如一日。我可以感受到自己肩膀的疼痛。它触动了我。

因为当我坦诚地面对自己时，我就会很清楚，我总是把太多东西扛在自己肩膀上。这对于我来说是一种痛苦，对其他人来说也是。现在我突然意识到自己有多坚强，多有力量。而且我知道，总有一天我会带着这种力量生活下去。也许现在的我就已经在这样做了？拥有这种力量让我感觉很舒服、很放松。它散布在我的周围、内心、身体里。我觉得自己像是慢慢松开了刹车，一点一点地越来越放松。

我在和自己，和这个世界对话。我在生活。我听到外面鸟儿的鸣叫，感受到通过窗子吹进来的新鲜空气，使我渴望去森林中散步，踏上探索自我、生活和自然的旅途。爱尔兰，我期待着你！你将征服我——用你在我脑中留下的所有的印象和你的居民。同时，我现在已经可以感受到自己将如何平静下来——和身边的丈夫一起，只有我们两个人！

玛蒂娜，46 岁

读到玛蒂娜的文字时，我起鸡皮疙瘩了。因为她的文字证明了我们的内心深处隐藏着问题的答案。我们可以让它重见天日——哪怕是在很长时间之后。然后，我们就不仅有了正视理智的勇气，而且能做到正视我们的内心。深入了解玛蒂娜其人，我们就能理解这个故事包含的能量了：多年来，玛蒂娜都在为别人付出。作为社会教育学家，她长年与精神上受过创伤的人打交道，几乎从未允许自己休息或充电。此外，在长达 25 年的时间里，她还从事了独立工作：治疗、诊断、办展以及监督工作——却未获得成功感。"我必须得工作"的信念总是战胜其他。

在写下自己经历的 4 个星期前，玛蒂娜在一位医师那里接受了催眠治疗——用她的话说，这次治疗成了带给她光明的钥匙。因为她发现自己也存在精神上的创伤了，这让她意识到，多年来的工作成了自己的一面镜子：

> 我意识到，我的身体在保护自己，而我很感谢它。在这之前，我只是在认知层面理解了这些信号，而现在这些认识进入我的感性层面了。我对自己的感觉是通过与那些对物质成瘾、滥用药物、有心理疾病的人们进行有意识的深入接触开始的。我在无意识中把自己的一部分从自我中切割出来了，现在我对自己的感觉是以前从未有过的，我终于实现了精神、身体和灵魂的健康。

> 玛蒂娜，46 岁

玛蒂娜的恶性循环结束了。她的故事证明了，寻求内心的智慧是值得的。重新开始，永远都不晚。

意义

我的工作有意义吗？工作环境、生产以及工作条件符合我的价值观吗？我在工作中能够充分发挥自身价值吗？公司的管理真如它对外宣传的那样吗？所有这些都是典型的（高度）敏感者会提出的问题，它们可能会在不经意间伴随着我们的职业生活。为了生活，我们希望多赚钱。那么，为什么我们的工作环境还这么重要呢？不是有钱赚就行了吗？这就大错特错了！不管是在公共关系部门的指派下不得不在烟草公司的大客户面前隐瞒自己作为一个坚定的不吸烟者的事实，还是在一个使用有害染料的纺织品公司工作，敏感的人总是会在自己质疑的工作中时时挑战自己的极限。而且这一切，都会留下痕迹。

很久之前我就想做义工了，但总是缺乏勇气。我曾在机动车车灯公司的国外采购部工作，这份工作早就耗尽了我全部的精力。2011年时，我觉得精疲力竭，请了很久的病假，四处求医，但情况却没有好转。我想重返旧公司，但是失败了，想重新找一份工作也没成功。这个时候我觉得自己特别悲惨，我开始思考自己到底可以做些什么，才能至少让我的内心重新振作起来。我认真思考了我到底需要什么：每天工作几个小时，受到赏识，不被欺负，做一些有意义的事，过得开心，检验我的团队工作能力以及责任感，不要有压力。我不一定非要赚到钱，因为在此期间我可以领取失业救济金。

这时候，做义工的愿望再次出现。于是，我在网上寻找自己所在的城市是否有做义工的机会。医院、养老院、收容所、遗弃宠物收养所等场所对我这种高度敏感者来说不是一个理想的选择，因为会给我带来很沉重的负担，而学校里并不缺乏义工。后来我在本地一个救助贫困家庭和难民家庭的孩子的教育机构找到了一份义工的工作。当我去那里面试时，恰好有好几个员工生病或者去度假了。因此我能够立刻就开始工作，每周在那里帮 15 个小时忙。我会处理一些行政工作，负责两个来自伊朗和埃及的难民家庭，翻译一些文献，为他们寻找幼儿园和小学，带他们去幼儿园、小学登记或者去看医生，帮他们填表，在他们参加完语言班之后收拾教室，为他们提供衣物和餐具。之后我还要协助教学，在孩子们的家庭作业或者某一科目的课后辅导方面提供免费的辅导。我终于从我所做的事情中获得了满足感。刚开始的时候我甚至有些欣喜若狂。我终于被别人需要了，我的工作有意义了，我可以让我的意见和想法派上用场了，可以和我的高度敏感性和谐共处了。总而言之：我终于感受到幸福了！当然也偶尔会有让人失望的时候，毕竟没有什么工作是完美的。在这里会遇到命途多舛的人，我的愿望也并不总和同事们的一致。作为一个高度敏感的人，我可以很快地换位思考，接受他们原本的样子。我也可以理解，我们不能强迫他们做任何事，而是要询问他们有什么需求，然后尽力满足他们。有时候我感觉自己像是圣诞老人！

我在那里"工作"了 8 个月了——不顾我家人的反对，他们觉得这个工作不好，因为"不给钱"。但是，我还是推荐大家追随自己的心。因为我在那学到了很多关于自己的事，变得更加宽容，经历了很多幸福满足的时刻。尽管我一直希望自己能够经受住压力，能够有工作的能力，而我现在还没有做到这一点，但是我的目标是在这个组织中得到一份固定的、有偿的工作。因为我还在这里学到了一点：永远不要放弃希望，继续努力，因为你不知道以后会发生什么，一切都有可能！

西尔维娅，47 岁

这个故事充满强烈的信息以及策略性冲突：一方面它表明高度敏感者能够自己在黑暗中寻找光明，在对于他们来说有意义的联系中获取新的力量——不用依靠药物和治疗，它们的主要目标是让人重新变成社会需要的"有能力的"人；另一方面我十分钦佩西尔维娅，为了做义工她付出了许多——她完全相信自己的困境一定会有办法解决。她是一位伟大的女性，为我们的社会做了非常有价值的工作，就是这样。当我阅读这个故事时，我立刻想到了无条件基本收入的倡议：这对于社会来说是一件多么好的礼物啊！这个礼物不仅仅对每个人提供了经济上的支持，它还包含满足感、健康、在能够最大限度发挥我们优势的地方工作的可能性，能使人如同西尔维娅一样为社会做出有价值的贡献。也许我们该问一问自己，为什么对义工感兴趣的年轻人越来越少了？是因为年轻一代奉行利己主义吗？还是因为当今社会的生活压力增加了，人们既没有时间也没有精力去做义工了呢？

闲聊

不管是在校园、公共餐厅还是团体集会，高度敏感的人很早就开始探索，为什么其他人可以用几个小时来谈论在我们看来非常肤浅的东西，而且很明显乐此不疲？当我们还在思考自己该对他们谈论的话题做些什么贡献时，他们已经转换到下一个话题了。对于很多高度敏感者来说，闲聊是一件非常困难的事。但是我们也能适应闲聊，并且学习如何从中获益：

以前，我根本无法和别人闲聊，对我来说那简直是浪费时间。其实我并没有看不起闲聊的人，只是跟那些以后可能都不会再见面的陌生人闲聊，几乎能给我带来身体上的疼痛。而且，对我来说最主要的原因还是浪费时间。一提到闲聊，我就感觉自己要撞到一堵墙上了。我觉得要正确对待社会的要求非常困难。另一方面由于避免参加聚会之类的活动，我几乎被孤立了。这让我不禁陷入思考，因为我曾经问自己，问题是不是出在我身上呢？很显然没有人愿意跟我进行"严肃的"对话。就是这样，自我怀疑开始蔓延。很长时间以来我都以为原因是自己太脑膜，虽然我很明显地感受到自己不想参与别人的闲聊。我像一头用脚抵住地面的牛一样，因为我和牵着我的农夫想往不同的方向走。我不想把我的精力、我的思想、我的好主意以及我的能量都浪费在这种肤浅的事情上。

然后，我决定，就不参与闲聊了。我了解了，我并不是脑膜，而是压根就不想参与闲聊，认识到这点对我来说具有重要的意义。因为这是通往闲聊之路的钥匙。之后，我开始引领闲聊的话题走向例如足球、园艺或者孩子之类不那么肤浅的话题。关于这些话题的讨论既可以很深刻、很严肃，也可以很轻松、很简单。我认为，经过这么多年我已经理解了，我不喜欢闲聊也是没问题的。这就是我的一部分而已。同时我也明白了，如果我参与到闲聊之中去，也会有所收获——让自己的经历更丰富。

在闲聊这件事上，我获得的最重要的认识是：了解自己很重要。因为只有这样我才能看清楚自己的所有怪习惯，然后把被动的部分转换成主动的部分，不再承受由于别人的期待而产生的负担，并且开始自主决定该如何处理某个状况。

汤姆克·米勒，40 岁

只要我们还没有意识到自己的挑战和优势在哪里，我们的注意力就总是放在那些我们做不到又不愿意面对的事情上。因为它们看起来好像没有意义，浪费时间，甚至让我们的身体不舒服。但是一旦我们理解并接受了这个事实——我们只是和其他人有着不同的需求，闲聊这种事情也可以成为生活丰富多彩的一面。作为一个独立的个体，以前我会依赖团体聚会活动，在这种情况下，没有闲聊是不行的。在此期间我做到了。有些时候，我也会不说话，只是听着，最后别人进行总结性发言时或许就是利用我的优点——倾听的时候了。有些时候我心情好，想要展现自己外向的一面，我甚至会参与到闲聊之中，发表自己深刻、幽默甚至有些挑衅性的评论。而且观察其他人的反应是一件非常有趣的事。也就是说在人声鼎沸之中淡定地观察一切。请你记住：在此之前、期间以及结束之后一定要安排一些交流、思考和感受的时间，让自己暂停一下。

远见

"不要把事情想得这么复杂……"这句话我们肯定都听过。但是，我们不应该低下头为我们的思维方式道歉，而是应该骄傲地挺起胸膛，微笑着回答："感谢赞赏。这恰恰是我的优点。

换种方式表达就是：我想得很全面，很缜密，而且是个有远见的人！"

对于很多高度敏感者来说很自然的一些事——也就是综合考虑所有可能性和因素，对于其他人来说通常太复杂了，会让他们感到不愉快。

我承认：在某些情况下，远见确实有些不太合时宜，多从实用的角度考虑可能会更好。但是我们不应该因此错误地谦虚起来，因为错误的谦虚有可能将小的挑战变成大的问题。

我在数据处理部门工作了很多年，主要负责为计算机编写程序。在世纪之交，我换了现在的工作。但是我饶有兴趣并且很惊讶地观察到，千禧年的千年虫问题造成了多大的影响，据说是工业史上最昂贵的一次技术故障。那时候计算机还比较贵，而且也不像今天这样拥有很多功能，人们必须谨慎对待计算机的存储空间。所以人们只是用两个字节的空间来表达日期中的年份，像平时的计算机语言习惯一样。

就在千禧年前夕，人们发现，在许多电脑中，日期的年份无法从 1999 变成 2000。它们要么死机，要么变成了 1900，由此产生的后果让人难以想象。人们发疯似的耗费大量人力物力尝试解决这个问题，甚至为此召回了一些已经退休的程序员。如果当时我不是正在写博士论文的话，肯定能赚一大笔钱。我当时就是不明白，为什么没人提前想到这个问题呢？

作为一个高度敏感者，我有一件本来不擅长做的事，却要在这里做一下，那就是表扬自己。我的程序在20世纪80年代时就能完成这个任务了。当我得到一个要求用两位数表示年份的程序任务时，我的第一个问题很自然就是：如果我的计算结果超出了99，我该怎么办？我当然思考过这个问题，也当然为这个问题找到了解决方案。这件事对于我来说是再自然不过的一件事，因此我也没有和我的同事们谈论过。我认为，他们也会自然而然地这么想——当我了解到，几乎没有人想到这一点时，我特别吃惊。

为什么人们这么没有远见？针对这个问题我找不到答案。世纪之交并不是突然到来的，并不会让人们大吃一惊，但是人们却没有预见它的到来。远见好像并不是自然而然的东西。自从我了解了自己的高度敏感性并且把它视为我的天赋，远见便成了所有天赋中的一块宝贵的基石。从那以后，我总是发现经济中的一些事故、故障、倒霉事其实是可以预防的，如果人们能够在职场中给高度敏感的人多一些空间，而且愿意听他们的意见的话。

赖马尔·林根，54 岁

赖马尔的故事告诉我们，反思自己的潜力和优点，有意识地利用它们，公开地交流，从而有目标性地把它们应用到经济和社会中，是多么重要的一件事。因为我们不能理所当然地认为，其他人会用和我们一样的方式思考和行动。如果人们在职场选择职位和构建团队时，不再仅仅看重个人的教育、成长历程和专业知识，而是能够有针对性地好好利用每个成员性格中的优势，那该是多棒的一件事啊……现在的企业并没有这么做，而是越来越多地寄希望于有技术支持的招聘过程。在这个过程中，计算机会根据给出的关键词搜索正确的应聘者。那些想要找工作的人，只要在简历中写上招聘启事要求的关键词就行了。不能理解这种做法的肯定不止我一个人。使用这种方法之后，应聘者们肯定没有展示自己的全部面貌，而是让自己的剪影看起来比以前更加适应职位需求，他们身上除此之外的本质和天性都被隐藏起来了。现在，针对这一点我希望我能有更多的远见……

工作和使命：我经历过 ＿＿＿＿＿＿＿＿＿＿＿＿＿＿＿＿＿＿＿＿＿＿＿＿＿＿＿＿

5

关系和家庭

所谓：索取的时候很温柔，付出的时候很强韧。是的，高度敏感的人会付出很多。如果我们决定了要开始一段关系，就会全心全意地投入。不论是在友谊、恋爱、外遇还是工作中，无论是作为母亲、父亲、奶奶还是爷爷。人是社会性的动物，都需要团体。而高度敏感性的特点却是：

我们不像普通人那样，能够经常遇到有相似秉性的同伴。

但是，如果我们能越来越多地理解自己，多走对我们有益、能让我们变得强韧的路，就会遇到更多像我们一样的人。反过来也同样适用：如果我们改变自己去适应环境，不关注自己的需求，那么我们遇到的和我们一样敏感的人就寥寥无几。在各种关系中，我们都可以建立联系——和我们自己以及其他人。接触越深，我们就会允许其他人离我们越近。我们敞开心扉，就会变得更加容易受伤，作为一个感官敏锐、有移情能力的人，我们就会越深刻地感受到对方的感情。做到这些都需要勇气。感觉细腻的人以及感觉敏感的人可以在一种关系中与自己爱的人或者欣赏的人一起感受这种强烈的幸福感。但是和这种感觉相比，我们也需要"保持距离"的时间，这样才能关注自我，消化加工共同的经历，把自己的内心世界和别人的内心世界区分开来。这与两个话题有关：一方面是亲密关系如何保持平衡，另一方面是有意识地去感受自己的思想和感情。

研究心灵理论的人或早或晚都会遇到这个概念：灵魂伴侣。人们试图用这个概念来命名一种从科学的角度来看很难解释的现象。人与人之间的某种亲密关系，有可能在他们第一次见面的时候就会出现了。许多人把这种特殊的相遇描述为一种"似曾相识"，就好像是在很久之后再次遇到一个老朋友一样。两人之间立刻就可以毫无障碍地交流。他们不仅仅说着同一种语言，在一个人还没有把句子说完时，另一个人就知道他想说什么……

如果我们对面坐的不是我们的灵魂伴侣，那么我们在与他们交流时就有必要有所保留。因为如果你在一个上流的交际圈中说出了某个人心中隐藏的话，可能会让人感到难堪。哪怕隐藏在他心里的话已经写在他脸上了，也并不意味着你必须把它大声说出来。需要注意的是：其他人可能会生气！是的，高度敏感的人在交际中很容易犯错，也就是当他们还没有意识到自己的高度敏感的特征以及交流的深度时。以前我经常感到吃惊：为什么人们会突然感觉不舒服，然后就不理我了。在反思的过程中我理解了——我离他们太近了，而且是在他们不愿意的情况下。因为对于我来说，深度交流，快速建立联系，也许还有提出一些"关键点"是一件很正常的事，但是对于很多人来说，这样做会让他们不舒服，虽然很多话题在我看来都是很正常的。

请你意识到，由于你的高度敏感性，你可以比其他人更快地建立起关系，这对于很多人来说根本不可能。大多数人需要通过闲聊来获取彼此之间的理解，需要喝一杯气泡酒才能有感觉，在这之后他们才能神采奕奕。当你感到自己要建立关系的对象和你不一样时，请你不要有太高的期待。根据经验，高度敏感的人能比其他人更快建立起关系。如果事情经常让你感到失望，那么久而久之你就会产生恐惧的心理，不敢再去跟别人交往了——担心有被孤立的危险。

至于和高度敏感的人交往还是和一般敏感的人交往更好，我根本不想讨论这个话题。因为我能肯定的是：要两种人都有才行！在高度敏感者的团体中，我们可以互相交流，探讨新的生活理念。这样我们可以找到自己的位置，为社会注入新鲜血液。而从那些不那么敏感的人身上我们可以理解这个世界以及它的运作方式。他们承担了社会和经济中重要的任务，而这些任务并不适合我们做，他们是非常宝贵的成长伙伴，因为他们向我们提出挑战，促使我们离开使我们感到舒服的领域，或者让我们在舒适区域外突然重新找到自我，然后开始学习如何应对挑战。

成长、变化和灵活性——只要我们高度敏感的人开始和其他人交往，这些都是我们无法回避的话题。尤其是当另一种关系进入我们的生活时，我们就更无法回避它们了，比如自己的家庭：一旦我们有了孩子，这些话题就会变得更加深入。家庭生活就好像体操比赛中的自选动作：我们每天都练习，固执地坚持，全身心地为我们想真心对待的人和事付出。如果这个自选动作成功了，我们会听到观众热烈的掌声。如果不成功，我们也会知道，我们已经尽全力了，以及为什么我们还应该继续练习。

其他人的感受

你能想象这是什么感觉吗——你必须分析促使你的感觉突然发生改变的是你自己的心理状态，还是因为你灵敏的触角感受到的周围人的感情了——拥有高度移情能力的人对这种现象很熟悉，而且知道这是什么感觉。如果没有思考过这个问题，不知道这是一种高度移情能力，那么这种宝贵的能力就有可能被认为是一种缺点，并且导致人们开始怀疑自己。"我为什么突然觉得不舒服了？刚才还都挺好的呢……"或者"我是不合群吗？我到底是怎么了？"这一类想法有可能让我们陷入烦恼。哪怕我们能认识到自己具有高度敏感性以及准确的直觉，学会如何应对它们以及自主地使用它们也是一个过程。

场景1：胃疼、双手冒着冷汗——为什么我会这样？并没有人对我很不友好或者怀有敌意。在这间大办公室里到处都是友好的话语。但是，不知道这里到底是什么不太对劲。办公室里有一男一女两位同事，我知道他们是一对恋人。他们之间的气氛有点紧张，我敢肯定他们是互有好感的。由于他们互有好感，因此这种紧张的气氛"讲不通"啊，而且它破坏了办公室的和谐和平衡，让我的身体感觉不舒服了。这种矛盾让我切实地感受到身体不舒服，我请了两周的病假没有来上班。

　　场景 2：经过很长时间的思考，我打算去做点事，不带孩子、爱人和狗。只有一个女性朋友和我。当我把这个打算告诉我丈夫时，他同意了。但是他的表情和身体语言却告诉我相反的事：不，他根本不同意。很有可能他是有点介意这件事的。他真实的感受以及他的不诚实，我的身体都能感受到，我背部的肌肉在抽搐。作为一个高度敏感的人，我们很难用语言描述自身的微妙感受，或者与别人谈论我们的感受（以一种完全自由的方式，不用担心引起他们的反感）。在一段关系中，我觉得这一点尤其具有挑战性。因为这是唯一一种我认为可行并且合适的谈话情景。面对陌生人时，我通常会对自身感受只字不提，因为根据经验，陌生人不太可能理解我。

　　虽然我经历过很多困难，但是我并不认为高度敏感性在人际交往中仅仅是一种劣势。在与朋友交谈时，我能第一时间觉察到他有不对劲的地方。打电话时对方的第一句话，一条短信的表达方式，见面后的第一眼，这些信息就足够我得出结论了。没人可以欺骗我，我可以感觉到一切。自从知道了自己是高度敏感的人，我就会问自己，我的感觉是否正确。像以前一样，我一直处于学习如何接受自己的感受的过程中。我的感受在越多的情况下得到证实，我对它就越确定。

　　当事情与我的孩子有关时，我的感觉尤其灵敏。小家伙还在上幼儿园，尚不能完全用语言来表达自己的感情。但是如果他哪里出问题了，超出了一般小痛小痒的程度，我的身体就会发出疼痛难忍的警报。在我自己还是个孩子时，我经常感觉与别人相比自己特别无助，不被人理解或者特别不合群。我儿子如果也是高度敏感的人，肯定也要经历类似的事，该怎么办呢？也许一切慢慢就都明朗了。如果真是这样，可以肯定的一点是，他的妈妈能很好地理解他。

朱丽叶，31 岁

你在这个故事中找到了自己的影子吗？那么我想鼓励你在感情和信息的丛林中披荆斩棘杀出一条血路。仔细想想哪些感情是属于你自己的，哪些刺激或信息是外部施加给你，甚至给你造成了身体上的不适的，这样做是非常值得的。如果你学会了区分不同种类的感觉，那么你就可以练习如何关注自己的身体，有意识地让自己休息，这样能更好地再度感知自己。请你保持自己与事件之间的距离。这一面是一种奖励，另一面是学习如何在人际交往中享受你的能力。对于高度敏感的人来说，要做到以下两件事很容易：关注他人感受的同时顾及自己的需求；创造一个舒适的氛围。不论是在照顾孩子时，在家庭聚会上，在工作中，在会议中还是在超市的收银台旁，请你相信你的感觉。

交流

我们一旦站到另一个人的对面，交流便开始了——虽然第一句话还未说出口，因为我们的身体也会参与交流。

高度敏感的人的感受可能更多，更深刻，这也适用于其他人发

出的信号。

我们中的一些人喜欢给别人的行为和话语添加更多的意义。因为我们高度敏感的人有高度的移情能力，并认为所有人都是这样的。我们并不能反思每一个行为、每一句话、每一个反应，而我们在分析交际场景中的许多印象时很容易忘记这个事实。我们经常把心里的想法说出来。我们中的很多人都很擅长表达，用词准确，理由充分，总是能一语中的。因此就有可能发生这样的事：我们不假思索的语言有可能会激怒或伤害别人，而我们则会遭受别人的拒绝——这并不是一种美好的经历，因为不论如何我们都会感觉自己和别人不一样，而这会让我们感到很痛苦。因此了解自己就显得更加重要了：这样我们才可以成功地交际。

> 以前，我总是不假思索地说出我心里所想的话。现在，当有人对我进行语言上的攻击时，我会先深呼吸三次。我的座右铭是：三思而后言！（Before you speak, think!）t 代表真实的，h 代表有帮助的，i 代表启发性的，n 代表必要的，k 代表友好的。我想说的话是真实的吗？说出来对事情的发展有帮助吗？我想说的话有启发性吗？是必要的吗？是不是出于友好的心意？

> 以前的我并不能很好地接受自己，所以有人伤害了我或者触动了我的敏感性，我就会锋芒毕露，语速加快喋喋不休，并在语言上伤害他人。或者我伤害到他们了——因为我说出了他们藏在心底的话，或者我意识到了一些关键性的联系，而其他人感觉自己受到了质疑。就这样被人拒绝了几次之后，我的自

我价值感也受到了影响。在这段时间里，我总是在问自己，我为什么要反应得这么敏感呢？

在了解了自己的高度敏感性以及马歇尔·B.卢森堡（Marshall B. Rosenberg）的非暴力沟通的概念之后，我可以更好地对他人的话语进行反思了。因此我也找到了一种更好的交流方法和途径，然而，我还是像以前一样是个很直接很诚实的人。现在有些人喜欢直接，也有些人不喜欢直接。为了不冒犯别人，我有时候会问：你想要一个礼貌的答案还是诚实的答案？不得不承认这样问很直接，但同时也非常真实可靠。

还有一个问题，我为什么这么直接？这很容易回答：当我说谎，或者口是心非时，人们一眼就能看出来。而且我知道，有些高度敏感的人也和我一样。谎言和我们的价值观不相符，因此我们也很不擅长说谎。我擅长的是，看穿别人的欺骗——至少从我开始相信自己的直觉开始。如果有人说了言不由衷的话，我是可以感觉出来的。我学会了相信"电磁波"，而不是任由别人用语言误导我。人们经常不知道，他们想表达的东西不仅仅会通过语言传播，还会通过他们的肢体语言。高度敏感的人能感受到人们细微的表情，并对它们进行加工，再将其添加进关于对话的总体印象中。这一切都在自然而然地进行着。我的交流和感知方式对我的工作帮助很大。无论是与孩子们交流时（他们很喜欢我的直接和开放），还是作为导师和顾问与人交流时，我的感觉都让我受益匪浅。我可以把这种能力当成很大的优势。人们常常问我："你怎么会知道？"

最近，我的反思和非暴力沟通方式让我拥有越来越多的自由，使我可以随心而动。越来越多的人告诉我，他们跟我在一起时感到很自由很舒服，因为他们能找到真实的自我。这是一种多么美好的反馈！

我的心态也随着时间的流逝而发生了改变。一直以来我就很自信，从来不会质疑自己所走的路。但是现在我可以完完全全对自己负责。真实可靠对于我来说无比重要。只是今天我不再想到什么就说什么了，而是在做出回答之前先深呼吸三次。

布尔吉特·格布哈德，48 岁

我们内心的态度会影响我们的生活，进而影响我们的交流。我们会认真研究自己的交际能力，这是一件很有意义的事：我的优势在哪里？我的劣势是什么？我们高度敏感的人大多数都是很好的倾听者，经常可以长时间听别人说话，并且在对话结束的时候总结发言进而得出结论——这经常让在场的人很惊讶，因为我们之前一直都很沉默。与此相对应的是，如果交流中发生冲突，我们则会将其视为强烈的挑战。我们试图避免冲突，或者出于对矛盾的恐惧，在直接对话之前给对方写信或者电子邮件，而信件非但并没有解决矛盾，大多数时候只会让事情变得更糟糕。当事情不仅仅涉及客观事实，而且涉及个人情感时，书面的交流就会产生大量容易让人误解的信息。尤其是当双方都已经受到伤害了时，书面的交流会让收信人从他个人的角度去解读信的内容，而不是客观地看待信中传递的信息，从而无法体会到写信人所想要表达的信息。哪怕书信中隐晦地提出了和解的打算……直接交流的优势在于，双方都能感受到对方对自己所说的话的直接反应，因此也就有了让矛盾朝着另外一个方向发展的可能性。交流是一片充满多种可能性的田野。重要的是认清自己和别人的需求，从而找到合适的表达方式。交流和注意力、尊重、真诚有关。你在交流方面做得怎么样呢？

友谊

朋友。人们对"友谊"的理解可以说是仁者见仁，智者见智。有的人觉得友谊应该很随意，没有约束性，不复杂，最好不要太亲密。他们和朋友只会闲聊两句，一起去参加聚会，听音乐，吃东西，喝酒或看电影。对于其他人来说（尤其是对高度敏感者来说）则需要约束性、深度、感情、可靠性、信任以及这种体验：下一次见面时还可以继续上一次见面时没做完的事，哪怕这两次见面中间隔了半年。有些人可能直到现在也会每天和学生时代的友人联络，但是我认识的高度敏感的人中很少有人这样做。不是因为他们之间的共同话题消失了，而是因为他们觉得交谈和会面需要空间，难以接受肤浅的对话。

> 我的朋友一向很少，只有寥寥几人。以前我觉得这很可惜。当社会关系发生改变，我身边的人离开了的时候，我从来都不会觉得这是个大问题，不管是在幼儿园、小学，还是之后的生活中。
>
> 当我开始研究"我为什么和好多人都不一样"这个问题时，我明白了，我认为淡如水的交往，在有些人眼里可能已经算是

友谊或者熟人之间的关系了。因此我经常期待从别人那里得到更多反馈，因为我是从自己的期待出发的。相反，我经常想，我应该多付出一些，对方应该也是这样期待的。因此，当我知道其他人根本没有期待获得比他们自己付出的多的时候，我终于松了一口气。这让我感到很轻松。

我真正了解到这一点，是在接受女儿学校的采访时，采访的主题是天赋异禀。我的回答都很坦白，这次坦承让我的大部分朋友离开了我。在吃惊过后，我把它当作一次让人生变得丰富的经历，因为那些留在我身边的人是真的对我感兴趣的人。现在，我会更加有意识地决定，让谁接近我，不让谁接近我。而且我还降低了对人们的期待，在管理各种人际关系时变得更加谨慎，但是也更加主动了。因为表面肤浅的东西对于我来说是不重要的。我对友谊的设想是更加深刻的。在一段友谊中，我想要做我自己，我希望我的朋友也可以偶尔不理我，允许我展现自己不好的一面，让我能够相信：友谊也是可以经受这些考验的。当朋友向我征求意见时，我会认真给出建议，同时他也能够认真思考，而不是在一件事上一味地唠唠叨叨，这一点对于我来说很重要。反过来也是这样。我喜欢和那些向前看的人交往。

在处理我的高度敏感性时，我认为关键的一步是了解我的特点并接受它。想要知道什么是对我有利的，就必须首先认识自己。了解了这一点后，我也就可以接受那些看起来很残酷的事实了。这些事实从根本上来讲其实是一种解脱。因为你要么会改变自己以适应环境，从而变成另一个人；要么会走自己的路，让身边只剩下数量很少但很亲密、值得信赖的朋友。

汤姆克·米勒，40岁

真正的友谊是礼物，是我们可以信任的东西，是能够深深打动我们内心的对话，是能够触动我们心灵的相遇，是能够挑战我们以及我们的理智的讨论。简而言之，是能够让我们的灵魂感到舒服的关系。这听起来很乌托邦？但实际上不是的。要是我们能用心倾听一般人对"用心经营的友谊"的定义，并且不忽视自己内心的声音，就能清楚地知道友谊对于我们来说意味着什么，以及什么对于我们来说是重要的了。这是很值得我们尝试的。为什么我们还要苦苦挣扎于那些忽视了我们的需求，并让我们感到不舒服的关系？敏感者之间的友谊有时候可能会深刻到双方哪怕分隔两地，也能感受到彼此。这是友谊的特质，它很特别，对于很多人来说可能非常神奇。

在学生时代，我有一位密友。我每天都要和她通好几次电话。那时候这种需求是来自我们双方的。现在我们还保持着联系，但是这种关系变得"成熟"了。

当时我们俩都有各自的男朋友。她的男朋友非常内向，其他人永远无法猜透他的内心想法。后来我和我的女性朋友经历了重要的一晚。我和我的男朋友受到熟人邀请去看电影。我们过得很开心。电影看了一多半时，我突然觉得自己心里好像有一颗炸弹爆炸了，同时我想到了我的这位女性朋友。我当时根本就不是我自己了。我突然对邀请我们看电影的熟人说："我可以去打一个电话吗？"所有人都吃惊地看着我，但是他们点头同意了。我跳起来，跑向电话亭，给我的这位女性朋友打了电话。她上气不接下气地跟我说，她和她男朋友之间的关系恶化了，他还打了她。她在家里还可以自救，并且已经打电话报警了，但是她听起来仍然非常激动。她请求我不要挂断电话，陪她说话直到警察来。我们也这样做了。即使现在我们不再像以前那样黏在一起了，也还是会经常说起这次的经历，当时我们真是心有灵犀。这绝对是一种特别的体验。

克里斯蒂娜，39 岁

独处

大学时光真是一种奢侈的享受啊：我一个人住在一个非常漂亮的一居室里，每天除了上课和兼职就没有别的事需要操心。我完全可以去跳跳舞，见见朋友，探索爱情的世界。那时候我拥有自由，现在回想一下，这种自由我直到现在才懂得珍惜：我可以自己决定在什么时候做什么事，什么时候休息。想要休息一下？没问题！随时可以……当家庭、孩子和工作开始组成我的日常生活，独处的阶段需要经过计划和协商，那些美好的时光突然就一去不返了。因为：在现有的社会习俗和预期下，很多高度敏感的人都觉得，他们如果想要休息，就必须为这个需求做出合理的解释才行。朋友、伴侣和家庭经常无法理解我们对安静的需求或者认为我们是在批评他们。

如果高度敏感的人根本不了解自己的高度敏感性，他们会对自己有更多的期待，就会经常跨越自己的极限——之后他们需要什么呢？没错，他们需要更多的休息。我们中的很多人不知道自己对各种刺激的感受比常人更灵敏，每天都在自己对安静的需求和别人对我们的期待之间摇摆不定。在特殊的日子还会有特殊的期待：

从小我就喜欢那种安静、悠闲、平和，没有压力的日子。可是，我这么喜欢安静平和，每年还必须过生日。由于我对很多食物都消化不良，对香料、洗涤剂等物品过敏，所以对于我来说，参加聚会几乎是不可能的事，因此我也非常非常不愿意为自己庆祝生日。我的家人和比较亲密的朋友都知道这件事。他们或多或少地接受了这个事实。当我知道了自己属于高度敏感者时，我开始对一些事做出改变。我一定要改变的就是我度过生日的方式。我想把这一天变成让我期待和享受的一天。在这之前，我一直觉得生日非常讨厌，它带给我的甚至只有压力。每年的这一天我都会接到无数的祝福电话，完全没有时间独处——我再也不想过这样的生日了。

人们对我的生日的期待是这样的：既然你都不庆祝生日了，那么你无论如何都得接我们的电话吧，你不管怎么样都得和家人、朋友在一起吧？那么我该如何应对他们的这种期待呢？我原本可以跟他们解释，试图捍卫自己想要在生日这天独处的愿望。但是我没有这么做，我决定：我就是要为自己着想，彻彻底底做一个自私的人。别人怎么期待或者怎么想，我都无所谓了。我告诉所有我爱的人以及亲密的朋友，在我生日这天我不会接任何人的电话（他们可以给我写生日贺卡，我喜欢收到生日贺卡！），我会和我的女朋友一起去湖边郊游，然后一起吃饭。对于那些不知道这件事或者不想让我这样做的人，我会用电话答录机跟他们沟通："你好！你能想着我真好啊！但是我现在在波拉波拉岛享受我的卡布奇诺咖啡呢。你们不用再给我打电话了，因为我要很久之后才会回家。再见！"

你想知道人们对此有什么反应吗？事实上，有一些人感到吃惊，但是大多数人的反应都很宽容友好——他们对此表示支持。这让我感到很惊喜，并且更加坚定了我的信念，我要更多地关注自己和自己的需求！而且，在多年以后，我终于过了一个非常美好的生日，一个我可以完全尽情享受的生日！

加布里埃尔，48 岁

特殊的日子，特殊的期待，特殊的敏感，特殊的对策！关注自己的需求，关注自己，这种勇气是值得的。我们越关注自己的需求，就会变得越真实可靠，越平和从容。而且这对我们身边的人来说也是件好事——不管他们是否属于高度敏感者。你什么时候能坚定不移地带着健康的利己主义自私一次呢？

伴侣关系

那些数不清的女性杂志没有哪个月不在大谈特谈经营良好的两性关系的策略；街边小报也没有哪个月不在曝光明星夫妻或者情侣的私生活，有了这些曝光明星私生活的新闻，"大众"才会暂时不再关注自己那一点也不完美的生活。媒体和广告会向我们展示一些理想的画面，这些画面大多数和我们的日常生活关系不大。世界比以前转得更快了。我们几乎无法按照它的步调来发展自己与伴侣的关系，这也是很容易理解的。除此之外，我们现在的生活有无数种可能性。生活方式、生活地点、职业、兴趣爱好、伴侣、信仰以及性别——这一切都可以很灵活。在新的角色模式能够建立和保持之前，旧的角色模式便被抛弃了。同时，我们对伴侣关系的要求也（无意识地）增多了。因为如果这个世界不能再给我们提供保障了，那么伴侣就必须接手这个任务。对于高度敏感的人来说，一起生活是一种特殊的挑战，因为他们中的大多数不仅仅能感受到自己，还能持续感受到其他人。另外，高度敏感的人对他们身边的人不仅有很高的要求，也有特定的设想。我们的高度敏感性影响了我们对周围环境以及伴侣的要求。如果再加上孩子和职业，我们就没有时间去消化加工那么多经历、思想和感情了。因此，哪怕是在很和睦的伴侣关系中也有可能会存在一些艰难的时刻，需要特殊的方案来解决问题。

我对婚姻的设想受到了我父母对两性传统角色认识的影响。50 年前我出生于一个小村庄，我们村大概有 600 个居民，我在这样的环境中长大。当我还是孩子时，我的脑袋里就有千万种想法，充满了各种感觉和印象。首先是人际关系层面上的。和所有孩子一样，针对如何经营一段感情，应该选择什么样的男孩，以及他们长大后会成为什么样的男人，我会爱上什么样的人，我也有一些设想和愿望。在为数不多的几次恋爱之后，我就在自己二十五六岁的时候决定嫁给我现在的丈夫，他是一个非常安静、感情细腻、平和的男人，他懂得倾听，可以和我就任何话题展开讨论。他和我有很多共同的兴趣爱好以及价值观，但是他热爱大自然，需要很多独处的时间。他的业余时间对于他来说非常重要，他希望能有自己的空间，和我保持一定的距离。而我则是一个完全依赖于两人关系的人。因此，在我们20年的婚姻生活中，尽管我们有很多共同点，但是在亲密和距离这个问题上我们的不同需求还是造成了相当大的影响。我希望我们在精神上和身体上更加亲近，这样我们之间的关系才能巩固，不至于变得像蚕丝一样脆弱。在这一方面我的丈夫就不需要那么多。他独处的时间很多，在大自然中独处能够让他找到平和，但是他也享受和我在一起的时光——聊天以及一起做一些事。我们一起建立了家庭，养大了三个非常棒的孩子，这让"亲密—距离"这个话题退居幕后。我在工作上投入了很多精力，绝对不会感到孤单。但是，当我的丈夫对我不坦诚时，我就会觉得很痛苦。我多么希望，至少晚上我们能一起躺在床上进行交流。

我的"亲疏度量计"总是高低起伏，我经常觉得自己不被重视或者遭到抛弃了，丈夫对距离的需求让我很痛苦。他不理解，在我们共处时，我为什么总是知道他是否真的有兴趣或坦诚；而我的高度敏感性让我可以感觉到，什么时候他并没有兴趣或者对我不坦诚，并且会使我陷入巨大的危机。尽管我从本质上说是一个自主的人，但是我因这种距离感到很痛苦。当孩子们越来越大，越来越独立时，我的这种感觉也随之变得越来越强烈。一起上床睡觉对于我来说已经不是一种安慰和亲密，而是一种失望和空虚了。我丈夫也觉得处理这件事很难。当然我们在 20 年以后还能拥有美妙的性生活和温柔，但是双方对此的需求是不同的。我丈夫觉得性生活每 4~6 周一次就够了，但是我觉得这太少了。我也喜欢在他的臂弯中入睡或者依偎在他身边，但是这样的话他就无法入睡了。这对于我来说变成了每天的严峻考验，而他却用他的方式忽略这个问题。

虽然我是一个急迫地想要找到解决方案的人，一个完全不被传统束缚的女性。但是我也会对自己的高度敏感性以及我们的婚姻做出妥协。我从我们俩共同的卧室中搬了出来，搬到一间属于我自己的卧室里。这样，我们俩就都可以独处，并且以各自的方式休息了。要对这个解决方案负责，需要克服很多，自始至终我都觉得这是一个下策。但是今天，在 5 年之后，我不再觉得有一个自己单独的房间是一件不好的事了，我完全可以按照我的需求去布置这个房间。尤其是因为我可以在那里卸下所有防备，以最佳状态和自己独处。这一步对我们的夫妻生活和身体接触反而是好事，我们对共处时间的珍惜程度都大大提高了。现在，我的丈夫不再常常感到自己处于我的压力之下了，而我也可以随时把注意力放在自己的兴趣爱好上，写写日记、读读书、听听音乐或者作作曲。我一直都能很好地独处。只是两个人在一起的时候独处没有成功。因此，各自拥有属于自己的房间这一解决方案使我们的关系缓和了，也许甚至拯救了我们的婚姻。

卡琳，50 岁

当高度敏感的人有意识地选择一种伴侣关系，那么在这背后也

隐藏着对生活的某种期待。我们想要和伴侣分享爱，我们中的很多人也想要孩子。卡琳的故事告诉我们，她做好了准备，把她的生活和伴侣关系看作一种过程，在这个过程中他们需要不停地交流，寻找解决问题的方法，这种解决问题的方法涉及伴侣双方。当然，我们也可以决定单身。但是伴侣关系也是能够成功的。这需要展示我们本身的勇气，做好完全信任某人的准备。然后就有可能出现那么一个人，他也像我们一样，渴望和对方在一起，像我们愿意接受他一样，想要接受我们，这样我们就可以和他一起经历生活的起起伏伏了。

性

在日常生活纷繁复杂的责任、思想和感情之中，很重要的一件事是，我们要关注自己在欲望和爱情方面的需求。很多高度敏感者为日常生活中的工作、家庭等方面所累，在性生活方面表现得太过冷淡。因为过度刺激和压力是情趣杀手。在这种情况下尤其让人感到可惜，因为那些感官上比较敏感细腻的人其实是能够在性生活中体验到深度满足的。在他们看来爱情或外遇中的情感关系至多扮演一种次要的角色，他们更关注性方面的满足，因为这种性关系更多的是身体上的感受；而对两个彼此信任的人来说，他们不仅可以在身体上，还可以在灵魂上获得亲密。这种亲密是以绝对的信任为前提的，并且双方都愿意向对方敞开心扉，因此也会变得容易受伤。

在通往性欲高潮的道路上，平时关闭的整个世界都打开了，我们沉浸在一个由感觉大爆炸、身体触觉和灵魂的亲密结合而成的世界里。性欲高潮是一种深度的感官与能量体验，此时此刻，整个世界都停止了转动，时间也消失了，思想也不再重要。

　　我很早就发现了我的身体向往性欲高潮带来的快感——这让我的父母很生气。当他们"逮到"我正在"做坏事"时，他们禁止我再继续下去。我当然没有听他们的话。但是这让我在高潮过后有一种愧疚感。在我刚满20岁时我明白了，这种负罪感是由于父母的禁令导致的。在这以后，这种不好的感觉就消失了。尽管我很早就了解了身体的欲望，但是我并没有急于尝试禁果。我的第一次是在19岁时，那真是一段非常美妙的经历。我的整个身体酥酥麻麻的，伴侣也对我很温柔。那是我第一段长期恋情的开端，这段宝贵的恋情持续了两年——这是我进入爱情世界的一个良好的开始，我一直都很感谢它。这段恋情最终走到了尽头，原因是我发现自己并未准备好和他发展工作以外的私人关系，另一方面我对他也缺乏感情上的深度和热情。而我在另外一个男人身上发现了这两点，这个男人在性方面对我很有吸引力，是他让我明白了什么是心痛的感觉；这次桃色事件是我生命中第一次"狂飙突进"式恋爱的开端。我的天真和理想化的想象让我在恋爱中跌跌撞撞，我了解了，如果双方在身体的融合之前不交流各自的期待，会面临多少痛苦。一个人在享受感官的欲望，另一个人在期待爱情。这真是让人痛苦。与他的感情，一方面为我打开了不想错失的新世界；另一方面也耗费了我很多的精力。最终我患上了带状疱疹……内心的疼痛通过皮肤和神经表现了出来。

我在和男人交往方面从来都没有问题。一方面我很快接受了这个事实：爱情和欲望总是和受伤有点关系。我知道，如果我想要恋爱或者和某个男人发生身体上的关系，那么我就必须冒这个险。另一方面，由于我有很高的移情能力，所以要引起男人们的注意非常容易。在认识我丈夫之前，我有很多不同的感情经历。我伴侣中的大多数都对我说过，他们很享受我身体的敏感性、我的献身精神以及我的直率（我会坦诚地说出我喜欢什么不喜欢什么）。直到今天，我还和他们中的几个保持轻松的互相尊重的关系。

在恋爱关系中，我在性爱以外的敏锐感觉和思想的深度对于我的伴侣们来说是一个挑战。在我的内心深处，我也一直期待能找到一个在这方面和我一样的男人。当我已经放弃了这个希望时，我认识了后来的丈夫，鉴于以往丰富的经验，我立刻就明白——就是他了！我们俩当时还不知道，我们都属于高度敏感的人。但是我们很享受这一点……这段恋情刚开始时充满了频繁而长时间的性爱，它让我们两个人都感到很舒服。我们很快就同居了，一年半以后我们就结婚了，那时候我已经怀孕了。当我们的第一个孩子出生时，所有的一切突然变了。生命的奇迹让我感到很幸福，但是也剥夺了我随时独处的可能性。在这之前，我想什么时候独处都可以。虽然我在这段时间里也发现了自己很敏感，但是我并没有得出这样一个结论，也没有好好利用我的这个认识。

我对性和身体接触的需求也发生了改变。除此之外，生孩子的经历对于我来说简直是一个噩梦，生孩子几个月后，面对丈夫的爱抚，我一直都没有感觉，只是感到悲伤和恐惧。每一次我都会哭，因为我根本不理解，我的感受能力以及献身能力都跑到哪里去了。我的丈夫并没有催促我，而是耐心等我，陪着我，我对他有无限的感激。我是在一次辅导课上开始研究这个话题的，在一次写作中我意识到这是一个生活话题，开始让自己在身体接触的过程中去体会自己的恐惧，每一次都释放一些东西。慢慢地，我又找回了感觉。在这段时间，每一次高潮都让我痛哭。就这样，我们之间的爱把我噩梦般的经历一点点冲刷掉了。如果我的伴侣不是高度敏感的人，他恐怕也无法理解并忍受我的这段经历。我们的性生活适应了家庭的现状，我们变得更加"沉静"了。当我们有了想要第二个孩子的愿望时，我们的性爱仿佛回到了从前，我们又变得激情满满了——但是这个过程只持续了很短的时间，因为很快我就又怀孕了。由于我无法接受避孕药，所以我的激素不会受到影响，我的生理周期是按照自己的规律进行的。我的渴望好像为我指明了一条道路，告诉我什么时候是正确的时刻。这两次受孕的时刻我依然记忆犹新：我可以记起受孕的特殊感觉。哪怕怀孕这件事对于我来说是一个充满刺激的挑战，第二个孩子的出生给了精疲力竭的我些许安慰。一切都进行得非常顺利，对此我感到无比感激。我的两个孩子都是顺产，在这个过程中我感受到的女性原始力量也是使我变得更加强韧的一部分原因。

在此期间，我们感觉自己的家庭更加完整了。我和我的丈夫都不想再要更多的孩子了。从这以后，我对性的需求降低了。围在我身边的孩子们也影响了我对性生活的兴趣。但是我对温柔的爱的需求还和以前一样并没有降低。我丈夫也是这种情况。我们两个人渴望温柔与亲密，但并不一定非要以身体的融合为结果，大部分时间我们两个都是单纯地陪伴着彼此。如果我们两个人感受到了情欲，也可以进一步发展。这是一种非常美好而自由的经历——和媒体宣传的那种形式不同。"啊？你们一周做几次？什么？一个月只有两次？你们之间出什么问题了吗？"我们当然没有什么问题。我已经理解并且接受了这个事实：在我人生的各个阶段，我的性需求是会发生变化的。有了这个认识，我对未来的憧憬就非常轻松了，因为在此期间我明白了，接受我自己和伴侣的性需求，才能找到一条让两个人都舒服的路。

莉莉，40 岁

质量比数量重要。频繁的性生活不是最重要的。更有意义的是，我们是否能够享受对方带来的身体上的亲密，是否对当前这个生活阶段的性生活感到舒服。我们不能把性生活和生活中的其他事分离开来看待。对此，我有一些观点想和大家分享：

- 高度敏感的人需要时间、受到保护的空间以及对自己需求的认识，这样才能有让我们满意的性生活。
- 这一点很重要——我们要在放松和无压力的情况下认识自己的身体并倾听伴侣的需求。
- 性生活并不是越频繁越好，更重要的是双方能够一起享受身体上的亲密。只有在能量本身有流动的欲望并且双方都觉得舒服时，积极的能量才会流动。

- 各种细节：眼神、触摸、亲吻或者拥抱和两个人长时间在一起时的舒适感一样重要。和另一个人融合时，我们就需要进入他的世界——不论是出于爱还是"仅仅"出于欲望。这会留下能量的印记。重要的是，在和其他人发生关系之前，你需要让自己意识到这一点，这样才能从性关系中发展出一种更稳固的关系，而不是一种只会消耗我们的力量、给我们带来压力的关系。
- 高潮可以是一种感官上的、深刻的、具有能量的经历——如果我们想要参与其中——它会消除内部的一切障碍。在那之后，我们并不总能徜徉在幸福的海洋中，有时候也可能沉浸在痛苦之中。
- 肢体接触并不一定意味着要发生性关系。两个人互相依偎在一起，也许就可以得到深深的满足了。
- 人们在不同的生活阶段对性的需求也有所不同。不同的人群：少年、青年、有两个孩子并且要全职工作的夫妇、老年人……之间的生理需求是有差别的。
- 孩子们可以探索自己身体，这是没问题的。

家庭时间

高度敏感的人想建立家庭：这是自相矛盾或者压根不可行吗？我在查找资料的过程中遇到了几个高度敏感的人，他们意识到了自己需要很多安静的时间。他们中的一些没有找到合适的伴侣，因此独自一个人生活，也没要孩子。还有一些人有固定的伴侣，但是自己不想要孩子。一些人不想要孩子，另一些则求之不得。总体来说和一般敏感的人情况差不多。但是，如果我们高度敏感者决定寻找一个伴侣并组建家庭生育儿女，那么我们就会发现自己处于一种吵闹、让人疲惫的环境中，这种生存环境会引发各种突发的状况。如果我们觉得某个场景让我们受到了过度的刺激，那么有两种可能性：第一种可能性是，现实太过于可怕，以至于我们开始排挤它，并在多年后选择了爆发——而且冲击力很强；第二种可能性是，我们的心灵和身体的反应相对比较快，促使我们寻找解决方案，让自己成长，成长的速度超过我们可以承受的程度。这一切听起来很富有戏剧性，但是其中包含着一个绝妙的信息：让高度敏感的人组建自己的家庭，是一个很大的挑战，同时也是一种绝对的幸福。

当我踏上组建家庭这个探险之旅时，我实现了酝酿很久的一个愿望，那时候我还没有接触高度敏感性这个话题。很早的时候我就意识到自己和别人不同，一部分原因是我的原生家庭的特殊性，一部分则是健康问题。我形成了一套生存策略：不要抱怨这个世界，而是尽可能地调整自己，寻找能够满足自己对安静、独处、秩序和公正的需求的环境。至于工作，在大学主修法律并获得博士学位之后，我成为一名法官，这对于我来说好像是十分理想的。相应地，需要经常出席公共场合这一点对于我来说完全不是障碍。

但是，孩子的出生意味着除了安静、独处、秩序以外的所有……尤其在他们还小的时候，只有在他们睡着时我才能得到自己想要的安静和休息。其他父母会不知疲惫地积极利用孩子睡觉的这段时间，而我却和孩子们一样去睡觉了，但是也为自己好像丢失了一些时间而感到可惜。后来我的孩子们长大了，不再需要午休了。这个时候我就必须通过斗争才能得到我想要的休息时间了。我非常懂得珍惜这段时间，因为我感到，它可以给我平和而沉静的心态，而这是保障每天的生活正常进行的必要条件。孩子们在经过一天嘈杂的校园生活之后，会停下来休息一下——好像一种上等的葡萄酒一样——在安静中发酵成熟，他们也可以从中受益（当然他们对此并无意识）。

对"秩序"以及"无秩序"的定义有很多种，同时对这些定义的解释说明看起来好像都无法统一。后来孩子们进入了青春期，再加上他们或许与生俱来的高度敏感性，我迎来了更多的挑战：他们开始尝试反抗了。孩子们互相划分界限，和父母也保持距离，他们毫不留情地批评别人，尝试越界。这让我像其他所有家长一样濒临崩溃的边缘。

尽管有这么多挑战，但我认为一直都很重要的是，要和孩子保持互相尊重的平等对话，认真倾听他们的心声，正确地解释他们发出的信号，让他们感受到我对他们无条件的爱。

根据我的判断，恰恰是高度敏感的人才拥有这种特殊的才能，这样才能战胜家庭生活中如此多的挑战——前提条件是，高度敏感的家长找到了自己内心的平衡，能够为自己的需求创造空间。

这样，高度敏感者的家庭生活才能是一种纯粹的幸福体验！

玛格丽特，46 岁

与自我和他人进行交流，奉献无条件的爱，对自己的决定负责——这是一种源自浪漫感觉的决定，我们只有在骨感的现实生活中才能体会到它的影响。我们要做的是，在伴侣、职业、家务、学业和家庭生活带来的所有期待和要求中看到各种不同的需求并关注这些需求，其中既有其他家庭成员的，也有我们自己的。因为，如果我们不关注自己的需求，哪有力量去感知和接受他人的需求呢？

如果有那么一个魔力公式，可以让高度敏感者拥有美满的家庭生活，那么关注需求这件事一定起了很重要的作用。请你搞清楚，你需要什么来维持自己的能量。在你的孩子尚且年幼时，请你学会读懂他们的需求。之后，我们可以和孩子谈论这些事，弄清楚怎样才能让他们感到舒服。我们总是一刻不停地行动着，每周安排三次下午活动，形式包含运动、音乐等，或者在其他时间约好一起做游戏；周末至少要安排两次家庭出游，为的是增加共处的时间；如何不让大家感到无聊？去游乐园、赶集、拜访远处的亲戚，进行短期旅行，等等。美好的色彩斑斓的广告世界让我们相信，家庭生活必须无比积极向上。我们必须要给孩子提供一些活动。

当这样的一年接近尾声时，我们又要开始新一轮的接力了，精疲力竭的我们对于"安静的"圣诞节的期待又要落空了，我们又要以这样的姿态开始新的一年，直到二月或者三月的某个时刻全家都患上了鼻窦炎，这时候所有人都被迫安静下来。安静？唉！迎接我们的是看医生、开药，因为孩子们无法呼吸而彻夜不眠或者整夜咳嗽不停……

少一些活动，多一些安静：休息，留出时间倾听彼此的心声，关注彼此，进行让双方都舒服的对话，设身处地为他人着想，享受身体的亲密，给孩子们亲昵的爱抚……我们要做的是，在孩子需要我们的时候，陪在他们身边。我们如果需要休息，就要和孩子们交流，告诉他们我们的需求。

如果你想要组建家庭，就要冒这个险。尽管有很多挑战，但是你很有可能会得到生活无私的馈赠。

孩子

高度敏感性被认为是可以遗传的。如果父母是高度敏感的人，他们生的孩子也很有可能拥有高度敏感的知觉。与其他孩子相比，高度敏感的孩子更像一面镜子，可以反映周围的环境。环境中的刺激越多，这些敏感的孩子受到的挑战就越大。而这些孩子还没有能力进行反思，因此他们高度敏感的知觉对于他们来说经常是一种负担。对于我们成年人来说，找到对我们的生活产生严重影响的知觉，消耗我们精力以及让我们变得强韧的东西，是一个漫长的过程。如果你能更加认真地关注或者接受你的孩子，那么你和孩子就能迎来一场关于敏感和强韧的发现之旅。

我们用了很长时间才完成了"拼图游戏"——发现我们的儿子埃米尔在感觉方面是高度敏感的。当他还是一个婴儿时，他就对光线特别敏感，一道阳光照射在他的脸上就足以让他完全失去理智开始大声哭闹。当太阳从云层后面出来的时候，他便有可能从睡梦中惊醒。在他出生后的第一个夏天（那时他刚刚半岁），我们收到三张婚礼请柬。"我们当然会去，孩子我们就带着呗，他可以在童车里睡觉"，我们提前很久就这样跟朋友们说。但当其他来参加婚礼的婴儿很满足地被客人们抱来抱去，很放松地观看别人聊天、跳舞或者在爸爸妈妈的怀里睡着时，我们家的孩子却完全不理周围发生的事，自顾自地生气。我的丈夫和我必须轮流抱着他到处溜达。我们很快就明白了：刺激越少越好——越少的人，越少的噪音，越少的地点转换……

以现在的观点来看，埃米尔上托儿所上得太早了。他觉得其他孩子特别有吸引力，总是想和他们在一起。同时，托儿所每天的日程安排对于他来说负荷太高了。尽管托儿所有午休，老师们对他也很照顾，但是6个小时以后，我们还是会从托儿所接回一个完全精疲力竭的孩子。在20个月左右的时候，他开始眨眼睛。每当受到了过多的刺激，他就会不由自主地开始眨眼睛。大约也是在同时期，他开始爆发愤怒。这是他对于过度刺激的发泄方式——看起来好像是这个小家伙面对压力唯一可能的发泄方式。有时候他太累了，在发脾气的时候突然停下来，开始哭，然后继续发火。我们当时（幸运地）还不知道：这种强烈的脾气的爆发（一天大概3~5次），将会陪伴我们两年多。这对于他来说是一种无法想象的疲惫，对于整个家庭来说也是一种无法想象的负担。

在此期间很多事都变得容易了。这有可能是因为，一方面埃米尔已经4岁了，学会了如何从让他感到不舒服的情况中脱身。他现在会思考，也会表达了。他很喜欢去幼儿园。但是他最喜欢的还是每两天就休息一下。因为"幼儿园里的日程安排都太紧张了""所有小朋友都一直很吵，我的耳朵都受不了了"。

另一方面，我们精心安排了日程让他尽量少受刺激。埃米尔每天在幼儿园待五六个小时，大多数时候每周只去 4 天。几乎有半年的时间我们都不带他去游戏区，因为在上了一天幼儿园以后，他根本没精力再平和地跟其他小朋友一起玩耍了。我们经常带他去只有我们三个人的地方。但是这并不容易，想一想我们生活的环境就知道了：我们生活在一个大城市里。我们在一片草地上将鼹鼠丘推倒，在树林里爬来爬去或者挖坑。一周中有一两天我们会去见朋友，这对于我来说很重要，因为我很喜欢小范围的社交活动。和陌生的孩子不同，熟人的孩子对埃米尔来说很好相处。埃米尔没有参加任何体育俱乐部，我们也有意识地减少了紧张刺激的活动。作为父母（尤其是我这样一个高度敏感的母亲），尽管接受了一些正面的观点，但是处理我们遇到的各种情况，接受它们的真实面貌，不仅仅是一个学习和认识的过程，还是一种显示力量的行动。我们有两个孩子，他们俩虽然需要很多安静的时间，但是在一起的时候会特别吵。因此需要特别关注每一个孩子的需求，不让任何一个吃亏，觉得自己不受重视。

过去的几年也有美好的地方，通过努力，我们给了大儿子更多空间，让他去成长。我们周末实行"一对一服务"——一个孩子跟着我，另一个孩子跟着我的丈夫。我们用这种方式认识到了一个完全温和、温暖、安静、兴趣盎然、充满热情、快乐、有魅力的孩子，他用高度敏感的方式以极具天赋的语言展示着自己，在玩耍的过程中发挥着无限的想象力，他是一个伟大的创造者。这段时光对于我们所有人来说都非常美好。

丽莎，34岁

这个故事是关于一个非常棒的家庭的，它总是敢于这样尝试：在处理事务以及感情时充满奉献、谦卑、接受、理解和灵活性。所有这些都需要力量。付出这种力量是值得的，这不仅仅是为了孩子，也是为了整个家庭和夫妻双方的关系。请你找出你的孩子在哪个层面上比较敏感，并且想出一些对孩子有益的办法，给他们一个安静的环境，让他们变得强韧。请你为孩子创造空间，在这个空间里你能看到他的本性，这会让你在疲惫的时候满血复活，知道自己在为谁付出，为谁挑战自己的极限。请你也要记得给自己充电。

来自各种文献、顾问、医生和心理学家的指示（只要人们了解了高度敏感性这个现象，就要严肃对待它）都是有帮助的。但是，我们还是要相信自己的直觉。请你主动寻求帮助，并且不要拒绝别人的帮助。但是请你不要轻易给你的孩子贴上心理学或者医学方面的"有病"标签，也不要轻易让你的孩子吃那些声称可以让你的孩子"获得健康"的化学药物。还要请你注意提出建议的人是谁，他代表了谁的利益。请你相信你对这些挑战的感受：你的孩子是否真是病态的或者具有毁灭性的？是否有必要寻求心理学或者医学的帮助？是否就是无法适应这个社会的繁文缛节？你必须走和别人不一样的路。请你大胆去做，并且为自己的想法负责！这是值得的——对于你的孩子、对你自己以及对整个家庭来说！

做爸爸

女性很敏感，男性也是。那么，当敏感的男性有了孩子时，会发生什么呢？他们是如何处理父亲这个角色的呢？他们面临着哪些挑战？高度敏感性在家庭中起到了什么作用呢？是否需要偶尔让家人体会一下"家庭浪漫主义"？我找到了一个父亲，他愿意和我们分享他的故事：

> 扮演好父亲这个角色，我觉得对男性来说要求很高。当下社会性别角色发生了改变，因此对于父亲们来说，要找到自己的位置就变得更加困难了。高度敏感性则进一步加大了这一难度：跟上迅速发展的步伐，适应自身和别人的要求……社会和经济的期待越来越高。现在，男人要做的不仅仅是赚钱。我们还被要求参与孩子的教育和做家务——以前不是这样的。我并不是想说以前更好，而是以前的社会结构更加清晰。而现在，一切都在发生变革。
>
> 由于我的高度敏感性，我面临的挑战更大，我对完美主义的偏好对我所扮演的每个角色和我所做的每件事都产生了影响。我得先学会如何应对那么多刺激和信息。因为如果我做不到这一点，就无法充分了解自己和周围的环境，那么我的孩子们就会成为第一个弥补这一缺陷的人。当他们的父母不安时，他们能够立刻感受到，并随之产生混乱。
>
> 请让我从头开始讲述我的故事：我的妻子和我收养了两个孩子，他们从婴儿时期就来到了我们家。他俩的性格完全不同。

这种感觉特别棒，我们对这两个孩子都非常疼爱。我们不知道拥有自己的亲生孩子是什么感觉，但是这两个孩子让我们觉得他们就是我们亲生的。这两个男孩现在分别是 2 岁和 4 岁。

当孩子们还没有来到我家时，我们家总是一片和谐的景象。孩子们的到来改变了一些东西。以前我对成家养孩子怀有一些浪漫主义幻想，现在不得不很快就抛弃了：工作和孩子是双重的挑战。当我们开始养这些孩子时，我还不知道自己属于高度敏感者。后来这个事实慢慢清晰地呈现在我面前。我经常有这种感觉：孩子们以及他们莽撞的行事风格给我造成了很大的负担。我一转身，发现孩子不在我以为他应该在的地方，而是去了相反的方向。还有一些事让我很头疼。我在受到过度刺激后，会变得很有攻击性，说话很大声——这一点我和妻子都深恶痛绝。吃饭这件事也很困难，因为我的设想和孩子们的想法不一样。在孩子们带来的所有挑战面前，以及要给他们创造一个良好和谐的生活环境的要求面前，我总是会问自己："所有事我都做对了吗？"

当做了高度敏感测试之后，我根本不敢相信现实。因为从根本上说我们是由于一个孩子的缘故才意识到这个话题的。我对这本有关高度敏感性的书的内容感到震惊，因为书中充满对我的生活问题的解答，而我压根不认识书的作者。之后，我去看了家庭医生。他对这个话题并不了解。后来一位心理学家在和我的谈话时告诉我，他同意我的观点——我属于高度敏感者。

我为什么会这样？我在生活中遇到的问题不多，但是它们都和高度敏感性有关。小时候我经常听到这句话："我们印第安人可不知道什么叫疼。"我的父亲经常不理解我的思想和行为。后来我开始怀疑自己，因为那些我可以清楚明了地感觉到的东西却被我身边的人否定了，或是我听到的信息和别人的肢体语言完全不同。我的直觉总是会告诉我真相，可是我却从没有把它们大声说出来。直到后来事情的发展和我预想的完全一样，我才开始对这些事进行反思。

从我接受了自己与众不同这个事实的那一天起，我的疑惑就都不见了。如果你默认对方总是和你一样，那你就注定会失败。我不再这样想了，也因此可以明白别人的意思了。从这以后，我过得很好，压力也不存在了。我现在会有意识地为自己着想，我有自己的行为模式，这种行为模式能够让我放松。我很喜欢骑摩托车，这让我感到非常舒服，或者我会带我们的狗狗去散半小时步。以前遛狗对于我来说总是一个负担。现在我把这个义务变成了优点，能够和我们的西高地白梗甘道夫一起尽情享受在大自然中的休闲时光了。

我在一家化工企业担任主管。很幸运的是，作为主管我的工作时间非常灵活。从两个月前开始，我每周会减少两个半小时的工作时间。这听起来很奇怪，但是这让我过得更好了。虽然我们的收入减少了，但是我们的生活质量提高了。而且坦白地说，我们也不缺钱。因为我们在过去的几个月中明白了，我们和孩子们规划的周末活动的数量有点多，这对我们所有人来说都是一种过度的要求。到了后来，孩子们会不停地发脾气时，我们也觉得精神紧张。尤其到了晚上，那简直是一种灾难，因为这时候情况总是会恶化。此时养孩子的乐趣就会突然消失了。

我们的观念现在是这样的："越少越好！"现在，每周末我们只会安排一个大的活动，而不是以前的两个或者三个。这样就不会遇到什么麻烦了。因为这样我才可以享受做爸爸的乐趣，享受和妻儿在一起的快乐时光。

格雷戈尔·赫策尔，45 岁

格雷戈尔对高度敏感性这个主题的贡献不仅仅限于他个人，他还在家乡设立办事处对家乡人民进行启蒙。他的故事肯定是极具代表性的。很多高度敏感的父亲们也愿意以开放的姿态对待性别角色的变化。为人父母对于一般敏感的人来说也是一种挑战，所以我们并不是要把高度敏感的父母描述成特殊的英雄。但是，我们需要好好研究一下这个问题，因为在一个家庭中只要父母一方属于高度敏感者，那么孩子就可能遗传到这一点。在格雷戈尔的例子中则是一个高度敏感的父亲和一个跟他没有血缘关系的高度敏感的孩子。父母清楚地了解事态，轻松引导，安排独处的时刻，对孩子的行为少一些高要求以及减少周末家人的集体活动（即"越少越好"）真的可以成为神奇的咒语。这样，在日常生活的纷繁复杂之中，和谐可以时不时地掌控全局，让所有家庭成员享受轻松愉悦的家庭生活，或许还能让大家实现偶尔对家庭浪漫主义的向往。

分离和死亡

生活充满变化。它始于我们的出生。随着我们慢慢成长，各种各样的人进入我们的生活中，然后又离开了。有些分离是由我们造成的，有些是由生活造成的，在生活的最后就是死亡——永远的分离。不论是生离还是死别，二者都很痛苦。但是死亡的离别造成的痛苦更加深刻。对逝去生命（有时候可能是我们喜欢的宠物）的哀悼是一个最终的、放手的过程。这个过程让我们体会到凡人的生活就是这样，同时让我们看到生命的短暂和美好。死亡这件事教会我们感恩和谦卑，让我们懂得享受生活，接受生活原本的样子。死亡给我们带来了变化和发展。死亡之后是新生……

    我有心律不齐的症状。有时候我会犯病。那是一种让人相当恐慌的感觉。但是这种感觉从何而来呢？几年以来我生活得很健康，有意识地注重饮食，享受生活的每个瞬间，我过得很开心。我的三个孩子都很健康，他们对自己所做的事感到很满足。这也让我觉得很幸福。我的心脏是在快乐地跳动吗？但是我想，它还是换种快乐的方式吧。

    四天以后我才知道，是什么让我的心脏像一只小羚羊一样乱跳——我的爱犬奥斯卡快要死了。以人类医学看来，它将死于咳嗽。我很害怕。不是，不是害怕。我很伤心。悲伤占据了我的心，它又开始无规律地跳动。我把我的手放在奥斯卡的心脏处。它的胸腔不规律地起伏，它的心脏在咳嗽。它呼吸困难，像是知道了一切似的望着我。

    它的血压肯定特别高，因为我的手可以感受到它的心脏跳动得特别剧烈。奥斯卡充满恐惧，我也非常了解现状。我告诉孩子们，他们的英雄、最好的朋友、王子，现在要走了，我们可以送它最后一程，但是最后的路必须由它自己走。孩子们哭了。然后，我送他们去幼儿园和学校。三个孩子都跟朋友们说自己很担心奥斯卡。当我再次回到家时，我吃不下早餐。我的心无法平静。它跳得越来越厉害。奥斯卡在晨光中找了一个可以晒到太阳的位置，趴在那，沉重地呼吸着。我坐在它身边，抚摸着它。这让它安静下来。我给动物医生打了电话，尽管我不想这么做。我跟医生描述了奥斯卡的情况，医生说他大概三个小时以后能到我们家。我一边等待，一边抚摸着它。通过使用灵气疗法，我也安静下来了。

奥斯卡咳嗽出了液体，不久它开始咳血，这是因为肺泡承受不住肺部积液的压力，炸裂了。奥斯卡变得更加安静了，它的心脏跳动得更弱了。我的心脏又重新恢复了规律的跳动。奥斯卡走了。一切都变得十分安静。我们花园里的鸟儿们也沉静了一会儿。大黄蜂停在温暖的地上。塔楼的钟响了十二下。长长地、有耐心地响了十二下。然后，花园里又恢复了往日的生机。乌鸦、红尾鸲、麻雀以及山雀一起唱着歌，大黄蜂为它们伴奏。多美好啊！这是一首给狗狗的安魂曲，它仁慈而友好。门铃响了，是动物医生来了，他来迟了。我很高兴的是，奥斯卡自己"决定"了它的离开时间。我和我的心都可以在安静中"疗伤"。我感觉不错。虽然我很伤心，但是在这段时间里我可以应对。可以应对我和我的高度敏感。我再也不会觉得作为一个高度敏感的人是一种负担了。

这是一种天赋，我可以欣然接受它。今天比昨天更好，每天都会变得更好。我对自己的特点接受得越多，我的幻想和梦想就会变得越清晰，我也可以更加靠近自己，拥抱自己。

乌塔·林内，38 岁

在这些生活的边缘地带中有太多东西或禁忌被排除在日常生活之外了。出生或分离、告别或死亡能让我们体会到"日常的"感觉之外的很多东西。我们与另一个人或生物的关系越亲近，这种经历就会越深刻，特别是对于我们这些高度敏感的人来说。接受生活原本的样子，感受到什么时候该停下来——为了能够告别，也为了能够更加接近自己。

让我们扫除对自己和世界的恐惧，对生活的全部表示欢迎。当悲伤来临时，我们就给悲伤空间——作为对离别和新生的尊重。

关系和家庭：我经历过 ＿＿＿＿＿＿＿＿＿＿＿＿＿＿＿＿＿＿＿＿＿

6

业余时间和消费

不论是展会还是年度市集，大型音乐会还是体育活动，市内铁路还是公交车，购物中心、游行还是城市庆祝活动，舞厅、音乐节还是"只是"去一趟充满兴奋的孩子们的叫声的游泳池，这些在普通人看来很正常的业余活动，对于高度敏感的人来说则可能意味着各方面的挑战。那里也许隐藏着一堆可能刺激到他们的因素：太多的人，太多的情感，太多、太吵的声音。有一些活动中还存在与陌生人产生近距离的身体接触的可能，这些人带着自己的体味或者他们最爱的香水味。好像还不止这些，在视觉方面，还有很多我们需要消化加工一下的刺激呢。是的，生活是色彩斑斓的，"在这一方面我真的很难融入社会啊"，对于许多高度敏感的人来说，要习惯这个想法，是一个艰难的过程。

你是如何应对特别吵的环境的？你知道自己在哪一刻达到极限

了吗？请你倾听内心的声音，找出这些问题的答案。在你受到过度的刺激之前，请你给自己离开的自由，不论是在大型活动还是其他生活场景中。或者请你马上选择安静的地方，而不是继续待在嘈杂的人群中。请你关注自己的需求，而不是极力效仿别人，这样做是非常值得的。因为你只有接受了自己的个人极限，才能为预防压力和保持健康做出贡献。

如果你必须要参加一个人山人海、喧嚣嘈杂的活动，那么请你提前休息好，在活动结束之后也为自己安排休息时间。在嘈杂的人群中，集中注意力经常会有帮助：把注意力集中在跟你说话的人身上或者某些固定的点上。深呼吸也可以帮助你在喧闹的人群中保持镇静。

在工作之外，还有哪些情况和活动有可能会给我们带来挑战？下面的故事会告诉我们。

电影院和电影

电影根据每个人不同的品味和敏感程度为我们提供了一种形式的文化，每个人都能在这找到自己最喜欢的世界。好的影片有跌宕起伏的故事情节和引人入胜的音乐，能带领我们进入另外的世界——对于我们中的很多人来说，这是一种很好的方法，能够让我们从自身和"日常生活的闹剧"中脱离出来。对于每个人来说都是这样的，这和人们的敏感程度完全没关系。

我喜欢看有关人、自然和动物的纪录片，以及（真正）有趣、发人深省、浪漫或有情感深度的电影，不一定非要有大团圆的结局。它们大多数在影院上映。我去看电影的这天，手提包里就不会带着睫毛膏了，多带几包纸巾就行。但是也不一定非要去电影院看电影：有的时候，每周日晚上公共广播电台播放的特别俗套的感伤电影也可以让我很好地放松，这些电影传达的感情都很强烈，哪怕电影本身并没有什么真正的信息量。是的，我为了它们甚至都开始听付费广播了……

在对观看者有年龄限制的电影中，FSK①0 以及 FSK6 最适合我。状态好时，FSK12 的电影我也可以考虑看看。但是大多数时候，这类电影已经是我敏感的感官能接受的极限了。上一次观看年龄限制在 16~18 岁的恐怖电影、惊悚电影、暴力或战争电影是在什么时候，我已经记不清了。我可以记清的是，我这一辈子看过的这类电影的数量用一只手的手指就能数得过来。我再也不看这种电影了。我之前看过一个电影，有一个场景是在一个宾馆的房间里，一个女性满身是血躺在浴缸里，旁边是两个毒贩子……太可怕了！这个电影讲的是一位协助贩毒的女性，把毒品放在小的塑料袋里，然后吞下去，这样就可以通过边境检查，之后再把装有毒品的塑料袋排泄出来。如果事情进行得不顺利，毒品没有被排泄出来要怎么办呢？这个电影讲的就是这种情况。把犯罪细节描述得如此详细也许很重要，但是人们对此也有可能有争议。这种尺度的描写对于我来说已经很难接受了。也许你在读我写的这段话时，也会有类似的感觉。

① FSK 是 Freiwillige Selbstkontrolle 的缩写，是电影业对电影观看者年龄限制的标准，后面的数字表示多少岁以上的人群可以观看这部电影。——译者注

电影里描述的犯罪场景令我至今难忘，哪怕我知道这"只是"一部电影而已。因为"艺术来源于生活"……在现实世界中肯定也有过这样的事。或者它们仅存在于作者的脑袋里。不管是哪种情况，我都很难理解。从震惊中缓过劲儿来时，我立刻把电视机关了，打开了冥想音乐，有意识地深呼吸，祈祷，想象一些美好的事情。这对我很有帮助，让我平静了下来。

卡特琳·佐斯特，36 岁

我们可以制定一个策略，就是避免观看那些挑战我们感官和敏感触角的电影。但是，如果我们有一个伴侣或者好朋友，我们可能经常需要陪他们去电影院看电影。这时又该怎么办呢？那么就会出现一些情况，在这些情况下我们必须做决定：要么和伴侣或者朋友一起去看一部我们本来不会去看的电影（因为它对于我们来说太有挑战性了），要么撇下伴侣或者朋友，独自一人看一部能够让自己放松的电影。高度敏感者的顾问和职业导师赖马尔·林根针对如何处理看电影这个问题有一个好主意。他处理这个问题的方式和我完全不同。他的方法基本上是这样的：在看电影期间他会一直告诉自己，这是一个虚构的东西。要是出现了对于他来说太刺激的画面或者情节，他会闭上眼睛，靠听电影中的音乐来"看"电影。当音乐停下来时，他就知道，现在他可以睁开眼睛了，电影现在的画面和情节不会再刺激到他敏感的感官了——这是一个聪明的策略。

关于"电影院和音量"这个话题，我有一个建议：如果你觉得电影院里的声音太大了，你可以去商店买一种特殊的耳塞，它可以让人听到所有声音，只是会降低音量，消除杂音。

衣服

我们在谈论消费时，也会提到衣服。也许很多高度敏感的人马上就能明白我在说什么。一件衣服可能看起来很好，穿上也很合适。但是不同的材料和织法会给穿着它的人带来不同的感受。夏天流行轻薄的布料，冬天要穿保暖的羊毛，很多高度敏感的人根本就无法忍受羊毛穿在自己身上的感觉。对于感觉敏感的人来说，一件衣服穿在身上是否舒服，能否让我们感到放松，是一件很重要的事。

打扮自己和买衣服这件事对于我来说很困难，因为我介意衣服的手感。当衣服上缝着被翻译成很多语言的洗涤建议时，我会试着把它们弄下来，而在这个过程中一不小心就会把衣服其他地方的线弄坏，这时我就会陷入危机。而把它们剪掉也不实际——大多数时候剪掉它们会让情况变得更糟，有时候根本不可能把这些标签完全不留残渣地处理干净。

但是有一件事是确定的：这些标签必须被弄掉！因为另外一个选择——也就是忽视那些标签，对于我来说就不是一种选择。我每动一次都能感受到它们的存在，甚至每呼吸一次都能感受到标签坚硬的边缘在摩擦我的脖子。结果就是感到瘙痒和长出红点点。如果为了不让标签卷起来，人们用烫发钳处理过它们，或者标签是用尼龙线缝上去的，那就尤其糟糕了。

衣服的缝接处已经够我受的了，我不能再忍受能够擦伤我皮肤的标签。紧身裤或者紧身上衣内侧的缝接处会紧紧贴着我的皮肤，把皮肤硌出红色的印迹，这种印迹甚至能保留好几个小时。衣服上的金属纽扣也是个问题。尤其是裤子上的、在腹部附近的纽扣。还有拉链，我小时候就总是被拉链划伤，伤口特别疼，有时候好几天都好不了。既然不能买有拉链的衣服，那买有松紧带的衣服？松紧带也会让我觉得不舒服，因为它也会在我的皮肤上留下印迹。尤其是背部。胸罩背后调节松紧的钩子也会让我疼好几天。有钢圈的胸罩也让我头疼，它的钢圈会勒在我的肋骨上，有时候甚至会让我的骨膜发炎（比如当我穿的衣服稍微紧了一些或者我坐得时间久了一些时）。我从中得出的结论是什么？我经常穿一些宽松的衣服，几乎没有凸显体型的衣服。我的朋友们穿的衣服，对我来说根本没有什么参考价值。

现在回归我们的主题：衣服和触觉高度灵敏的人之间的特殊关系。标签、衣服的缝接处、胸罩的钢圈只是一些"微不足道的小事"。我对某些材质也有禁忌：粘胶纤维对于我来说经常不够柔软；雪纺最糟糕了，它会让我立刻开始出汗，感觉就像是一层砂纸贴在我的皮肤上；合成纤维——谢谢，不用了；纯棉——是的我想要！我去买衣服的时候第一件事是看衣服的标签：它是由什么纤维制成的？我知道，如果标签是由丙烯酸和聚酰胺制成的，那么我是无法忍受的。买衣服时，我经常是看一眼标签就能决定要不要买。腰带、铆钉、鱼尾板、扣环、额外的拉链或者装饰性的小石头我是完全不要的。问题是：流行趋势并不会按照我的需求来发展。但是我也不能总是穿着运动裤和松松垮垮的套头衫到处跑啊。因此我只能继续耐心寻找——寻找那些我买得起的，又不会对我的身体造成压力的衣服。如果有个聪明的服装设计师能为像我一样的高度敏感的人设计一些衣服该多好啊！那就太棒了！

索菲，26 岁

很多其他的高度敏感者也讲述了索菲描述的问题。这种小事会对一些人造成很大困扰，对于另外一些人则不然。此外，还有一件事会对某些人造成非常大的困扰，就是由于繁忙，很多妈妈都没有时间给自己刮腿毛，以至于有些纤细的汗毛会卡在布料中，然后整条腿都被扯得很痛。如果你不能转移自己的注意力，那么这种刺激带来的挑战会对你造成很严重的影响。

那么针对衣服这个话题我们该做些什么呢？我的建议是：研究自己的需求，并且满足它们。因为如果衣服对你的状态有负面的影响，那么，总是追求新潮流就没有意义了。最好是好好保养自己最喜欢的衣服，你如果确实觉得某种衣服穿着舒服，可以多买两三件颜色或者款式不同的作为替换。最重要的是要知道，并不是每一件衣服都能照顾你的高度敏感性。

危急情况

如果日常生活中的刺激就能让我们感受到过度的要求和压力，那么出现危急情况该怎么办呢？答案可能让人始料不及：

大多数高度敏感的人在处理危急情况时，都表现得习以为常。

面对汹涌的波涛时，我们灵敏的触角、感官和大脑都在高速运转。譬如发生事故时，我们可能不会围观，而是对伤员进行急救，让围观群众打急救电话；当家里漏水时，我们可能会迅速做出反应，关掉水龙头。采取预见性的行动是我们天生的能力。在工作中，我们作为高度敏感者也能给同事带来惊喜——当我们在危急情况下透过现象看到本质，并且找到正确的解决方法时。我们灵敏的触角天生具有预见能力，在我们的大脑中，重要的信息会自动互相关联，让我们能够在很短的时间内提出应急方案。下面的这个故事也能证明这一点。这个故事讲的是一位母亲和她女儿在威尼斯机场突遇暴风雪后发生的事情：

我和18岁的女儿在威尼斯度过了几天美好的时光，美好的旅程却突然发生了戏剧性的转折，一时间一切都失控了。事态顷刻间从轻松愉悦变成了危急。我们最后的现金用于在免税店购买礼物上了——当时我们设想的是我的丈夫和儿子会在家乡的机场接我们。但是大雨变成了暴风雪。一架架航班被取消，天渐渐黑了，时间也越来越晚，机场的广播通知我们也听不懂。这时候我们遇到了一对也在等待航班起飞的母女，女儿也是18岁。这位母亲和我有着同样的顾虑——我们今天晚上还能不能到达慕尼黑了。我们讨论了一下可能遇到的情况。此时我们的行李已经托运了。我们坐在候机室等待。然后是一个噩耗：所有航班都取消了。瞬间候机室一片混乱。这时候我们已经组成了一个团队：我们两个母亲分别站在不同的窗口排队，为了提高获得有用信息的概率，我们将两个孩子派去行李领取处。我们周围的情况越来越混乱。机场储备的水和食物很快就卖完了，智能手机也因为使用过多而导致发热——我自己并没有智能手机，但是在我身边排队的一位穿着讲究的女士有。她问我，该怎么通过电话预订宾馆房间，她不会说意大利语。我们一起讨论机场附近哪里有宾馆，而我则负责打电话，确保我们每个人都有地方过夜。

威尼斯也进入了紧急状态：洪水来了！电力供应以及出租车指挥中心都陷入了瘫痪，我们5个人组成了一个有行动力的小组。通过齐心协力和长时间的等待，我们终于坐上了一辆出租车。它拐进了一条田间小路，仿佛要把我们带到世界的尽头。宾馆里一片漆黑，店主给我们送来了蜡烛，在烛光中我们摸索着来到了自己的房间。我们都冻坏了，我和女儿连衣服都没脱就钻进了被窝，互相取暖，直到我们俩都睡着了。我们睡了几个小时。第二天早上，我们发现自己所在的宾馆其实是一个非常漂亮的乡村旅馆，早餐非常丰盛。在我的催促之下，我们找到了一辆早上的出租车，并坐着它（像之前在威尼斯度假一样）再一次赶在众人前面到达目的地，这一次是机场。在这里，我们几个人又分开了。

本来，我们的回家之路应该是无比坎坷的：在经历了各方面的延误、走弯路以及换乘之后，我们应该经停瑞士，在晚上到家，而且拿不到自己的行李。但是在瑞士我们也得到了别人的帮助，因为我在飞机上和旁边友善的意大利人说说笑笑。当我们又一次需要排队时，这个意大利人占了一个好位置，而我们就跟在了他后面。尽管我们对这次威尼斯之行的结局设想得和现实不一样，但是我在危急时刻处理问题的能力还是很强的。

我相信我有能力和陌生人组成团队，提早预知将要发生的事。在那个时候，活下来比克服困难重要。当第一次听说飞机晚点时，我身体的一部分是想大喊着逃离这种处境的，但是我内心的声音很快便调整自己去适应危机了。从那个时候开始，我做一切事之前最先要考虑的就是保护我的女儿。

在苏黎世丢失的行李，威尼斯之行的纪念品以及最后一丝宽慰在三天之后完好地到达了我们家。但是在这次危机中，所有重要的旅行材料，包括我们用来支付计划之外的宾馆住宿费的信用卡，都被我带在身上了，因为我为了这次旅行额外准备了一个"超级背包"。这个背包里有很多单独的带拉链的口袋，使我可以将想随身携带的东西都放进去。这个投资（尤其是在危急情况下）是值得的。

玛蒂娜·罗森贝格，52 岁

作为思虑周全的帮手，我们在危急时刻能够很好地保护自己和家人——这是一种能够挽救生命的能力。正是由于我们拥有这么强的处理危机的能力，所以好好关注自己才成了我们的一项义务。因为，尽管我们在危急时刻能够很好地应对，在这之后，我们还是需要时间去消化加工我们所经历的事。在我查找资料的过程中，一位女性导师告诉我，她曾经解决了她们公司的一场危机，然后被任命为公关部经理。之后，对于她来说危机就太多了，她已经无法消化了，最后只能再次做回原来的工作。有一些敏感的人选择了经常需要面对危机的工作，例如急救医生或护士，他们身边其实存在着很大的风险，因为长久以来他们付出的比他们能够承受的都多。如今，医疗行业的从业人员的责任越来越大，由于现在疾病发生率很高，他们的工作时间也都很长。请你好好利用有限的休息时间，尽量休息和放松自己，这样你才不会陷入个人危机中。

媒体

每天我们都要面对越来越多样化的媒体浪潮。几乎已经没有人知道，哪些新闻是"真的"，哪些不是了。但是，每一个新闻都具有一种潜力，它们的目标是产生改变一切的影响。

负面性好像一直都是最强的新闻因素之一。但是并非每个人都吃这一套。因为负面性是一种会被高度敏感者拒绝的因素。它会让我们关掉电视，而不是打开电视。抛开电视，越来越仔细地观察我们面对的媒体，并且好好挑选对我们有好处的媒体。这对于那些无论如何还是想保持信息灵通的人来说是一种尴尬的处境。

很长时间以来我都觉得我是人群中唯一一个不看电视的人。不过，不受当前节目的影响，有目的性地选择自己想看的节目以及想要了解的资讯，甚至已经成了潮流趋势。网络以及社交媒体让这件事成为可能。对于我来说，事情进行得很顺利。我能自己决定，什么时候去了解什么信息，以及允许多少消极信息进入我的生活。这件事的起因是一次分手之后的搬家，我把电视机的数据线落在我前男友家里了。我有一周时间没有看电视。我是真的没兴趣，没兴趣让媒体来掌控我的思想和感受。

因此我就开始做一个试验。大约有一年的时间我没有看电视，因此也没有看新闻，只是偶尔读一读报纸或者网页上的大标题。但是这让我的生活简化了不少。对我来说，这是一种自由、颇具改变性的经历。我从小长大的家庭很重视通识教育。当时我每天晚上都要看RTL电视台、德国电视二台（ZDF）以及德国电视一台（ARD）播放的新闻，它们每天晚上永远都在播报这个世界的负面信息。后来有一段时间我不再看这些新闻了，而是看电视剧和综艺节目。它们的水平也参差不齐。我看过最差的一部是《老大哥》（*Big Brother*）——只要不关注自己的问题，不去感受自己的生活，总是关注被媒体制造出来的别人的命运就行了。其实我不是反对"媒体"，恰恰相反，我大学时候还修了传媒和通信领域的两门课呢。而且我也很感谢自己受到的政治经济学基础教育，它让我有能力理解相关课程。值得我思考的是，很多人把媒体制造出来的世界当作真实世界的写照，而不会去质疑。不从各种媒体中获取资讯让我过得很好，也让我能够把注意力放在自己和自己的生活上。我需要消化加工的刺激更少了，（负面）新闻也更少了，反而多了一些关注正面想法和感情的能量。

这样过了大约一年，我开始变得好奇"外面的"媒体世界发生了什么，于是我又重新开始偶尔看新闻读文章。我还记得，我看到第一则新闻的时候那种感觉有多奇怪：新闻里展示的是一张照片，我感觉自己好像是从另外一个世界来的，现在正在观看着一个我以前很熟悉的现实的世界。但是我的目光变得更加尖锐了。我对事件产生了更多质疑，变得更加有批判性，也可以比屏蔽媒体之前更加能够划清界限。在接下来的几周中，我发现，我可以本能地选择正确的话题，和其他人在闲聊中打得火热。因为想要生活在这个世界上的人，必须至少能够和人们交谈，这样才能参与到商界和社会中去。但是我同时也感受到了，大部分人都不会仔细思考其他人说的话。在我写下这个故事的同时，我完全明白，我是有选择性地从某一个角度来讲述的，因为人们基本上只能有选择性地感知这个世界。但是"媒体"总是代表着客观性——一种根本不存在的客观性。这个世界还是被这种信条所统治：有些人是正确的，他们说的是事实真相，而另外一些人是错误的，他们说的是假话。但是这就是我们用来改善社会的原则吗？

维多利亚，37岁

为了找到合适的衡量标准，你应该首先了解，电视、社交媒体等事物在你的生活中占什么地位。怎么做对你有好处？什么让你不舒服？减少对媒体的关注并不意味着对这个世界的"现实"闭目塞听，而是和做决定有关。请你搞清楚，所有你接收到的讯息对你的感情、思想和行动以及你个人的现实性都会产生影响。请你自己决定将精力集中在什么方面。

旅行

从日常生活的圈子里走出来，去度假。旅行对于很多人来说都是一种特殊的经历，几乎没有人不会对旅行有所期待：放松、阅读、山、海，和我们爱的人度过美好的时光。最好是不会经历意外，并且有持续的好天气，轻松和谐的氛围……但是不可避免会遇到倒霉的事，因为这个世界上有什么完美吗？

度假对于高度敏感的人来说并不总意味着纯粹的放松，从一开始就不是。

我们成了伟大的策划者，仔细寻找度假地——为了让审美、环境、价格，等等相关的一切都令人满意。当我们找到一个令自己满意的地点时，我们就总会去那里度假。检查清单是我们最好的朋友。列出清单，收拾行李，这一切必须安排得井井有条。当我们把冒险的兴趣打包进行李，朝着一个我们很少去的甚至是一个崭新的目的地进发，我们必须更加小心谨慎。站在旁观者的角度，我觉得观察高度敏感的人（我也是其中的一员）收拾行李是一件特别有意思的事。肯定会有人想：为什么这些人不能放松一下呢？毕竟是去度假啊！确实。必须在某些特定的前提条件下，我们才能享受这个假期。

我属于高度敏感的人，我大约在6年前就知道这件事了，当时我感到松了一口气，因为知道了这个事实，我就可以更好地对待它了。我已婚，育有两个孩子，这两个孩子的年龄相差5岁，和我非高度敏感的丈夫一起在金饰工作室工作。我们在营业时间和顾客交流，除此之外的时间都给了我们自己。

因此，很多年以来我们的休息时间都在山里的度假区度过。我们经常反复去同一个宿营地，因为我们已经知道那里的基础设施怎么样，商店在哪里，游泳池在哪里，如果遇到天气不好的情况我们在那里可以做些什么，等等。

在我知道自己属于高度敏感者之前，我就很迷恋秩序和井井有条的结构。而度假这件事意味着合适的行李以及检验清单，度假回来之后要按照这个清单根据不同的经历和现状进行整理。整理行李花费的精力可能很多，因为我知道，我无论如何都要准备充足，确保我能度过一个轻松愉快的假期。

两年前，为了庆祝我女儿的 18 岁生日，我送给她一次威尼斯旅行作为礼物。我在 25 年以前就去过威尼斯，并且一直希望有一天能去参加那里的狂欢节。我了解了宾馆、航班的相关信息，买了一本带有城市地图的旅游指南，接下来选择了一家非常漂亮的宾馆。我使用了策略性的技巧——它不是太靠近市中心，不太吵，不太贵，但是同时通过步行能够很快到达汽艇停靠点。

由于那里的机场和情况都让我身心紧张，因此我特意买了一个新背包。我主要是看中了这个包的内部构造。里面有地方放旅行所需的各种文件、相机、钱、钥匙、手机，所有东西都可以分别放在独立的带拉链的兜里。在我感受到压力时，如果我不能马上找到我需要的东西，我就会陷入慌乱。除此之外，我们提前到达机场，虽然网上办理登机手续我以前也使用过，但是世事难料，我宁愿在机场多等一会儿（听着 MP3，就可以屏蔽周围嘈杂的声音了），然后就可以坐到头位了。我的女儿也是高度敏感的人，她很相信我的安排，尽管她已经感受到我的紧张了。

我们抵达威尼斯，并且入住宾馆之后，我"真正的"假期才开始。只有我确认了宾馆拥有我所预定的所有东西之后，我才能放松下来。城市地图一直放在唾手可得的地方，但是实际上我早已把它记在脑子里了，无论走到哪儿，我都能很好地找到正确的路，我们随意地逛着，但是也粗略地计划了什么时候要做什么。在闲逛的过程中我们记录了可能有美味食物的地方，以便我们从穆拉诺岛回来以后享用晚餐。

期间，我的女儿突然问我，我们是不是"有磁性"，因为不管是在博物馆、教堂还是汽艇停靠处，几乎在所有地方我们都是第一个到的，不久之后（大约5分钟左右），大批游客都排在了我们身后。我只是知道，身处人群中会让我感觉不舒服，所以尽量不让自己陷入这样的境地。在这件事上，我的直觉以及良好的时间观念帮了很大的忙。到了晚上，精疲力竭的我们从之前做过标记的店买了比萨回宾馆吃，然后很早就听着有声读物睡着了。

在返程的时候，我们虽然计划得很周全，但还是经历了很多意外事件。尽管如此，我们还是在这个到处都是神奇的服装和面具的城市里玩得很尽兴，并且永远都不会忘记这次旅行。

玛蒂娜·罗森贝格，52岁

高度敏感性把旅行和度假变成一种深刻的经历。一旦我们了解了自己的高度敏感性，并且能够有意识地对此进行反思（作为感觉灵敏的人，和其他人相比，我们需要不同的条件才能好好享受假期），我们就有了享受轻松假期的可能性。如果我们准备充分，一切问题都能迎刃而解。别人觉得好的东西，我们没有必要也觉得好。

总是去同一个地方一点也不庸俗，尤其对于那些全家都是高度敏感的人来说，这甚至是很好的选择。当我们觉得无聊，孩子们也长大了时，我们可能会想要去发现未知，也做好了独自探险的准备。如果在计划的过程中，我们的直觉明确告诉我们，另外一条路、另外一个目的地对于我们来说才是正确的，那么，我们就应该相信我们的心，放弃我们脑袋里的想法。

　　我们正在计划新婚旅行，我想要见识一下威尼斯的"艺术之光"，这是我对蜜月的想法。但是，不管我们做了哪些打算，总是会遇到障碍。在我们计划到达的那天，我们根本订不到房间，还有机票价格也总是超出我们的预算。总体来说都是些小事。但是每次丈夫和我都要重新坐到一起讨论新情况及解决方案。有一次他突然对我说："我们去别的地方旅行，等下次再去威尼斯，你觉得怎么样？"开始的时候我特别伤心，但是我的内心深处也在说："这个决定好像也不错。"好像有一种负担从我心里消失了，当时我还不能完全理解这种感觉。

　　我们几年前在奥克尼群岛度假，有一天我们想去设得兰群岛。那是我们的新路线！我开始在网上查找资料，找宾馆，租车。一切都很简单，计划进行得很顺利。那个宾馆正好有一间空房，但是需要用信用卡付费，我们俩都没有信用卡，那时候店主说："没问题，你们来吧。"我们租的车也可以通过电子邮件进行预订——这一切都顺利得不可思议。这次旅行像一场梦一样，很显然我们预订了整个岛上最漂亮的宾馆。吃早餐和晚餐时能在宾馆自带的海湾里看到懒洋洋的海豹和水獭，它们对客人非常好奇，只要我们站在沙滩上，它们就会游过来盯着我们看。

特尔克，32 岁

购物

不管是超市、折扣店、香水店还是时装店，消费场所都有这样一个共同点——充满刺激。色彩、样式和气味混杂在其他人的交谈和感情中，再加上店里的背景音乐，扩音器里的广播通知以及自己孩子的各种要求，形成了一杯浓烈的鸡尾酒。在这些消费场所中我们如果没有列出一张明确的购物清单，很容易就会迷失方向。有的时候，这一小张纸实际上价值万两黄金，它为我们架起了一条通往自身需求和物质需求的桥梁。对于很多人来说，消费成了一种情感方面的替代品。那些有廉价商品出售的地方，总是会有好多人。似乎很多人都用这种消费方式打发业余时间，获得满足感和幸福感（至少在短期内如此）。而高度敏感的人不是这样的。当我们"只是完全放松地"和我们喜欢的人一起闲逛时，会发生什么？下面的故事会告诉大家答案：

（几乎）每个女人都喜欢购物，对吧？我只有独自一人时才喜欢购物——不和姐妹、妈妈或朋友们一起。我需要同时浏览那么多的商品，要考虑自己喜欢什么，寻找正确的尺寸（而这些商品的排列经常是混乱的），还要和其他人放松地聊天，只是想一想这种情景，就让我感到很紧张。我在购物时和做其他事情时一样，会完全集中注意力，不管我是随便逛逛还是有目的性地在寻找某种商品。我会浏览所有商品，眼睛在动的同时还要听其他人说话，大多数时候还要听店里的音乐，除此之外，我总是感觉自己如果不查看所有商品的话，会错过些什么。

某次前往德国某大型供货商的直销商店购物的经历，对我来说是很关键的。在一个老旧的被装修成复式 Loft 风格的无空调存货仓库里，陈列着各种便宜的衣服和鞋子。由于价格实惠，所以供不应求。那天下午我不用看孩子，满心期待能过得开开心心，于是决定陪我的朋友去那看看——在今天看来，那是一个错误的决定。我们也加入了抢购廉价商品的人群中，我们拿着各种商品和衣服架子穿梭在人群中。我试图过滤自己感受到的这些信息，但是很难。我需要一边仔细打量其他人，一边在不按大小排列的商品中搜寻我需要的东西。刚开始我还能和我的朋友闲聊两句，但是我一点儿也不开心。最初我希望我是一个人来的，后来我希望我能赶快回家。空气非常浑浊，令人窒息，环境还非常闷热。我真想知道这里的售货员是如何在这种环境下忍受一整天的。卖鞋和皮革制品的那个楼层里到处都是皮革的气味。在上面一层卖衣服和有试衣间的楼层里则全是汗味。更加糟糕的是从一层饭店还传来了厨房的气味。我突然感觉饿了，而且这里的闷热也让我感到很渴。由于我的忍耐力一向很差，所以在这种情况下，我一般会带上一个苹果或者一块巧克力。但是那天我却忘记带零食了。一种恐慌的感觉从我心底蔓延开来。当我在试衣区的一个空座位上等待时，我尝试着去控制这种恐慌感。尽管感受到了很大的压力，我还是做了很好的表情管理——因为不想被别人看出来，这里的一切让我感到很疲惫。在试衣间里我终于忍不住了，我想坐一会儿。但是这里空间特别狭小，根本放不下一把椅子。于是我就开始试衣服——这也是一片令人绝望的情景中唯一的光明，因为实际上有几件衣服我穿着很合适，也很讨我喜欢。但是接下来我又要面临一个巨大的挑战：收银台那里已经排起了好长的队。排队等候结账的人看上去都很放松，好像他们都很享受这次购物。对于我来说，这是最后一次跟朋友购物了。一起购物的过程中，她逛得很开心，但我却没有。我乐意帮助她修改衣服，因为我的缝纫手艺很好，我以后也会继续帮她，因为这能给我带来乐趣。但是和她一起购物只会给我带来压力。

我总是有这种感觉：我在视觉上高度敏感，总是能够很快把我看到的东西记下来。就像其他人用拍照的方式记录画面一样。但是，尤其是在购物时，我希望我能有一个过滤器，这样就不用去感受周围的一切了。我在收银台结账时常常感到心情不舒畅，我以前把这个现象解释为焦虑症。现在我知道了，我们一家人都属于高度敏感的人，因此我也就不对我们家没有"购物传统"而感到吃惊了。

施特菲，36 岁

一个汇聚所有商品、价格经济实惠、选择众多，甚至还配备了饭店的商场对于很多人来说简直是人间天堂。但是对于施特菲来说并不是。太多人、太多选择、太多气味、空间狭小、空气浑浊，加上对自己的高要求，害怕让朋友失望的忧虑，（很有可能由于压力而导致的）饥饿以及试图从中获得一些能量却徒劳无功的失败尝试……这一切导致她做出了一个在很多人看来无法理解的决定。但是高度敏感的人们不会不理解：减少刺激（例如在客人少的时候去小商店购物）是一种很有意义的方法，这样可以把一些必要的过程变得轻松一些，也许还能演变成一场与自己的约会。

居住

一个让我们感到舒服的地方，可以让我们在这里独处、充电；一张舒适的床可以让我们放松；一个没有刺激的氛围，可以让我们放松所有感官……当我们找到这么一个可以生活和居住的地方，就可以说自己很幸福了。

> 小时候和结婚后，我都住在这样的房子里：它周围充满绿色，有很大的空间，能让我和大自然直接接触。直到和前夫离婚后搬到一个居民楼里，我才意识到这样的房子给我带来了多少好处。现在我的楼上、楼下和隔壁都住着邻居，每天我都可以听到他们生活中的各种声音。回想以前的居住环境中让我感到舒服的因素，现在的房子只拥有其中的一个——透过客厅的大窗户可以看到外面的绿地。我可以拥有自己的领地。这对于以前的我来说也很重要，一个只属于我自己的地方——一个自己的房间或者，像现在这样，一个自己的住所。我需要独处，

我可以自己决定什么时候打开门走出去，什么时候关上门独处，对此我很感恩。当我关上门以后，我会感到尤其舒服，但是很多人都不能理解。

现在最困扰我的是住在我楼上的人们发出的响声。与其他邻居相比，楼上那些人的动作和声音让我特别敏感。要是我能住在顶层就好了！但是我和现在的伴侣有了另一个目标：我们想在绿地上弄一个属于我们自己的小房子。不是那种被动式的节能屋——在里面能感受到穿堂风，听到呼呼的声音，像我之前工作过的幼儿园那样，而是一个让我感到舒服的地方，建在大自然中，使用天然的材料，里面采光好，听觉刺激少。在这个愿望成为现实之前，只要想想我能够住在"那里"，我就能感受到力量了。

布尔吉特·格布哈德，48 岁

对于那些对各种形式的刺激都很敏感的人来说，如果房子的条件不符合他们的需求，那么这个房子可能会成为消耗他们精力的因素、因为我们不能每天更换居住地点。仅仅意识到我们的需求还不够。这个问题和经济资源有关，还有可能关系到我们是否愿意为此负债累累（很多高度敏感的人都拒绝负债）。这和正确的时机、场合有关，如果我们处于恋爱关系中，那么这个新的居住地就不仅要满足我们的需求，还得让我们的伴侣喜欢。更加重要的是，我们要和我们内心的"归属"保持联系。接受现实，而不是反抗现实。尽可能把它变得美好。尽可能多地走进大自然，在那里找到你最喜欢的地方，在那里释放精力，再重新充电。学会感恩，慢慢爱上你的房子以及周围的人，哪怕你希望生活得更安静，希望环境有所改变——因为我们中的大多数人生活得比其他人要好很多。

没有目标的生活是什么样的？想想自己能在一个非常棒的地方生活，那会是一件多美好的事情？如果我们有能力实现自己的梦想，那么我们将会怀着感恩之心幸福地生活下去——在梦想真的实现之前，只要想一想，我们就能感受到力量。

业余时间和消费：我经历过 _____

结论

1. 通过我们的观察，不论在哪个生活领域中高度敏感的人遇到同类的概率都比其他人低。恰恰因为这个原因，讲故事就显得很重要了。这些故事清楚地告诉我们应该如何生活在这个世界上，如何对待我们高度敏感的感觉。只有这样，我们才能找到同类，倾听彼此，互相启发，通过我们的讲述为我们的同类打开新的视角。

2. 每一个故事都告诉我们，了解自己的需求、特征和优点是非常重要的。了解自己的高度敏感性可以帮助我们消化加工我们的经历。重要的是，我们需要了解在这个过程中学习到的价值观，并且一步一步地把它们融入我们的生活中。那些拥有不同需求的人需要不同的生活道路——这是一件很好的事。

3. 高度敏感的人喜欢隐藏自己。可是试图隐瞒自己的敏感性，是没有意义的。并非所有人都需要成为高度敏感性的使者。但是勇气、可靠性以及启蒙是有益且很重要的。在这里，我们不是要批评那些一般敏感的人"不为他人着想"，也不是要用我们的"超敏感"吓坏他们，而是要使用我们的天赋，为和平相处做出努力。我们的目标是消除双方的偏见，让大家认识高度敏感性这个现象。

策略和启发：
是什么让敏感的人变得强韧

1

优势——（仅仅）是态度问题吗？

高度敏感者们讲述的故事和经历证明了高度敏感这个现象是存在的。也证明了过度刺激会给他们带来绝望以及高度敏感的知觉会产生深刻的满足感。这些故事讲述了敏感者经历过的"啊哈效应"，他们的"特别之处"也可以有自己的名字和结构。这是一种很容易理解的效应，因为它包含着一种认识和命名自身优势和挑战的可能性。而这又是另一件事的前提：不再被动又满腹狐疑地面对某些场景，同时怀疑自己，而是主动地安排自己的生活，培养自信，并且自信地走自己的路。

那些意识到自己是高度敏感者的人，可以重新反思自己的生活并且积极地消化加工自己的经历。在这个过程中，他们可能会在一些时候感到非常痛苦。但是这条路是值得的，因为有一些东西会把高度敏感者团结起来：强大的内部力量，想要继续发展的坚强意志以及过一种既敏感又强韧的生活的意愿。那些走上这条道路的人，会感觉到，对于我们来说，主流思潮意义上的数量和效率可能并不重要，我们应该更加注重质量并且贡献各种重要的思想和全面展望世界的能力。我们生活在一个这样的时代：各种各样的人必须联合起来，才能利用集体的智慧和能力。

当高度敏感者尝试走上很多人都走过的路时，大多数时候他们会更加沮丧，因为他们身体和精神比一般敏感的人更容易崩溃。我们也可以立刻选择健康的道路——意识到并弄清楚自己的需求。看起来，这条路可能不会很快把我们带到大部分人的目的地。但是坦率地说，既然我们面前有一条非常漂亮的小路，可以选择一步一步向前走，并且享受生活各个方面的美好，为什么还要踏上一辆由别人掌控的列车呢？让我们加速，跟着内心指引的方向走。我们完全可以接受高度敏感的知觉带给我们的礼物，把我们的沮丧变成生活的乐趣，把勇气变成我们最好的朋友，然后出发。带上策略、启发和让我们变得强韧的东西，它们可以帮助我们在路上充实自己，继续培养我们的自我技能。

那么我们的优势呢？采取一种强势的态度，培养"正确的"自信，记录自己的动机，然后自我接受、工作能力以及优点就会自动出现吗？那些高度敏感并且总是濒临极限的人知道，这样是不行的。态度是关键，是的！自信很重要，但人们也总是高估它。那些陈词滥调的动机或许可以提供很好的启发，但是，根据我的经验，它对那些会全面深刻思考问题的人来说并没有持续性的影响。在获得敏感性优势的路上有一点很重要——我们做出重要决定的时刻，这个决定将会持续改变我们的生活：

这是一个决定，比起关注高度敏感性给我们带来的挑战，它更加关注敏感性的优势，以及所有让我们变得强韧的东西。

这是使我们获得通往强韧态度的源源不绝的力量的第一步。或者你可以设想一个开关，它可以在一天之内改变我们的态度，给予我们像钢筋混凝土一样坚固的自信吗？

我们应该把变得强韧的道路看作是一个过程，这个过程可能适用下面的公式：

感知→信任→允许→体验→加工→原谅→成长→集中注意力→享受

当下一步开始时，就开始了新的循环：感知，信任，允许，体验……在这里，重要的并不是态度本身，而是我们如何一步一步用既温柔又强韧的方式改变我们看待自己和世界的角度。我们应该为自己负责，掌好舵，让所有使我们变得软弱的东西从我们的生活中消失；让那些使我们变得强韧的东西融入我们的生活。这需要内心的改变和外部行为模式的配合。我们的目标是：用自决的行动代替被动的反应。对于高度敏感的人来说，考虑到大量的刺激，这恰恰是通往强韧和健康的钥匙。内科医生、心理治疗师以及精神病科医生尤阿希姆·鲍尔（Joachim Bauer）教授觉得，迎合主流思潮，屈服于外在的刺激，会导致我们迷失自己——这是非常严重的后果。因为研究表明，那些在生活中常常被短时情绪以及外界刺激左右的人，不仅更容易经历自我丧失，还可能面临其他的严重后果。

请你踏上征程吧！至于是把高度敏感性看作带来负担的"对刺激的过敏"，还是丰富人生的礼物，则完全取决于你自己。

$$2$$

信任——即使是信任自己的直觉

　　我们可以信任什么？什么可以帮助我们高度敏感人群理清纷繁复杂的感觉结构？我们该如何在混乱的经历和感觉的洪流中过滤出自己的需求和感觉？

　　感到思绪万千？要分析生活的每一个小细节？就像上面已经详细解释过的那样，理智性和客观性在我们的世界观中占有很重要的地位。这些原则在教育、科学和经济中是必不可少的。但是还有一个东西：直觉。不管一个人敏感与否，直觉都是生活的一部分。它能在理智客观的知识丛林和当今世界纷繁复杂的信息洪流中为我们指明道路。如果没有它，我们就会迷失方向。

　　客观就是不由感觉、偏见和预测所决定的东西吗？但是谁能宣称自己在面对涉及科学、人类的万事万物时，可以永远"客观地"看待事物，不受感觉、偏见和预测的影响？谁能针对下面这两个问题总结出一种适用于全人类的表述：什么是客观真相，它始于何处，又终结于何方？什么是真实的？什么是正确的？直觉能够帮助我们接近这些问题的答案，那些向直觉敞开心扉或者有意训练过它的人，会经常得到来自内心的启示。这种获取有可能是有意识的，也有可能是无意识的。我们的直觉用这些灵感帮助我们理解生活中的状况和各种联系，使我们免于长时间思考或分析客观联系。有些时候一个门外汉的直觉甚至比一个专家牢固的基础知识还有用。

很多伟大的科学家也靠直觉工作。他们有时候会产生一个灵感或者"主意"，经科学研究证实，这些灵感往往是正确的。在此期间，直觉这个原则也进入了经济领域。直觉让他们在波谲云诡的商界保持决断力，很多高管也都希望能训练这方面的能力。因此，高度敏感的人在管理岗位上很受欢迎。因为我们在直觉方面有一种天然的优势。高度敏感的人除了培养自己敏感的直觉，对所有敏感的直觉带给我们的信息进行分类和处理之外，没有别的选择。这是一种我们拥有并且应该好好爱护的能力，请相信它是值得的，尽管我们在生活中会遇到很多批评我们、质疑我们的想法和方案的人（因为我们不能理性而有逻辑地向他们解释清楚）。是的，直觉也会犯错，但是我们自己也知道，我们凭直觉提出的论点以及找出的解决方案更有可能是正确的。

再见吧，怀疑。直觉的时代刚刚开始，我们有理由相信自己的直觉——为了我们自己，也为了迎接这个时代给我们的复杂挑战。

3

允许——给生活一个微笑

"我没办法划清界限。"很多高度敏感的人用这句话来描述他们所面临的某个挑战。自身的经历、对别人的感情和故事的感知，都使我们陷入了刺激的洪流中。我们虽然也经历了很多，但是每次看到我们周围存在的大量事实时，还是会感到惊讶。当我们开始接受它，同时不再记录思想和感情，而是让它们随风飘逝时，我们就不再需要划清界限了。我们可以感受，然后放手，再感受，然后再放手。一些高度敏感的人把它称之为渗透性。

在对与错之外有一个地方，我们会在这里相遇。

——鲁米

根据我的理解，鲁米口中的这个地方，我们可以容许所有事情发生，不需要对它们进行评价，同时我们能够意识到自己的需求，并且做一些对我们有益的事。于是就会产生一个空间，在这里我们可以放松地面对其他人和整个世界。

但是我们该如何对待自己的感情呢？因为除了美好的感情，还有一些让人不舒服的感情。

让我们来举个例子：我们可能会突然感觉到深深的悲伤，这并不意味着它对于我们来说一定有什么深层的意义。它只是一种简单的感情，它产生了，也会消失。当我们开始思考它时，事情就变得复杂了。我们记下这种感情，自动提出问题或者开始反抗这种感情：我有什么地方不对劲了吗？我到底怎么了？现在可真不是时候啊！就这样，我们给这种感情的空间比它需要的大多了。

有一些对于我们来说很重要的感情，它们想要告诉我们一些关于我们自己的事，它们会寻找空间并且再次降临。当它来敲门时，我们可以决定，我们是否想要在此刻放它进来。重要的是，我们要给那些重复出现的感情一些空间，允许它们进来，并在我们身体里流淌，哪怕它们会给我们带来痛苦。因为如果我们总是对它们说不，让它们吃闭门羹的话，它们反而会变得更加强烈。不知什么时候它们会完全不受控制地冲开大门，开始捣乱，甚至开始影响我们的健康……

为了能让我们把感觉当作礼物，生活得开心，并且保持健康，我们需要了解一个常识：

我们不用害怕自己和别人的感情。我们没有义务去理解和解释清楚所有事。

请你接受生活原本的样子——色彩斑斓、丰富多样。请你细心地感知，不要评判……给生活一个微笑。

4

原谅——通往自由的道路

弱者是不会原谅的。原谅是强者的特征。

——圣雄甘地

如果同事、老板、讨厌的邻居、前任、政客、官员以及外面的整个世界不这么粗鲁、恶劣或者敏感，那么生活还是可以很和谐、美好、和平的，对吧？很多敏感的人能理解，在面对其他人和"外面的"残酷世界时，产生的那种力不从心的感觉，以及这意味着什么。但是请注意！世界并非"在别处"。我们生活在这个世界中，是世界的一部分。如果我们怀有这种态度，那么我们牺牲者的形象就已经预设好了。每个角落都隐藏着伤害，我们的自信会慢慢减少，"我们作为敏感的人也能生活得很强韧"这一信仰也会慢慢消失。能够造成伤害的诱因也越来越微小了——这是一个恶性循环。

走出这个困境，得到治愈的唯一出路，就是原谅——与人们，与这个世界和解。当我们开始原谅时，我们就开始将我们的能量朝着正确的方向引导了。它不再被耗费在我们受的伤害上了，同时我们又重新拥有了做其他事的"空间"。原谅意味着重新开始。

伤害越小，原谅的过程也就越简单。口误、侮辱或争吵比强奸和暴力容易被原谅。哪怕事情看起来毫无希望，我们的痛苦非常巨大，受到的伤害非常严重，能够开启通往幸福的大门的钥匙也只有一把：勇敢、充满信心地踏上原谅之路。这也包括与自己和解，接受自己原本的样子。因为过去我们已经无法改变了。它永远都会是我们历史的一部分。

不原谅自己，也就无法原谅别人。但是评判是没有意义的，不管是对自己还是对别人。让我们抛开完美主义吧！重要的是，我们要承担起对自己的责任，不管犯错的是我们自己还是别人。让我们开始接受自己，尊重人群以及生活的多样性：高度敏感的人并不比其他80%~85%的人要好。每个人都充当过受害者和加害者。我们在伤害别人，别人也在伤害我们。我们在对别人做评判时，就会忘了自己。

> 你们不论断人，就不会被论断。你们不定人的罪，就不被定罪。你们要饶恕人，就必蒙饶恕。
>
> ——路加福音 6:37

这条引用出自路加福音，对于我来说，它反映了世间万物之间的联系。万物都互相关联着，我们所有人都互相关联着。这让我想到两点：

- 仔细观察，把我们对别人的评价，套在我们自己身上，这对我们有好处。因为那些我们身上最让我们看不顺眼的地方，通常最会惹我们生气。

- 如果无法放下曾经受到的伤害，我们就会记住它。我们的思想和感情就总是会集中在我们经历过的事情上。这样，我们就赋予了伤害能量，强化了和加害者之间的联系。但是如果我们放开它，我们就自由了。

如果我们不原谅，接下来会发生什么，我们其实非常清楚——我们生活的能量会消失，忧郁会来临。当忧郁和伤害联合起来时，我们就离抑郁不远了。对于高度敏感的人来说，报复并不是一个选项（这很好）。由于他们拥有较高的道德标准，一旦他们有了报复心理，就会产生罪恶感。受害感也会增强。无能为力的感觉会让我们的生活失去欢乐。我们不需要考虑复仇，因为共鸣的原则会惩罚伤害别人的人：那些做坏事的人，总有一天会自食其果。如果一个人故意做坏事，当他想推卸罪责时，他的良心也会折磨他的。我们要相信潜意识。

但是大多数的伤害和侮辱都不是故意为之，也不包含什么恶意。恰恰是那些比较亲近的人才更容易互相伤害，例如父母和孩子。在大多数情况下，父母做事的出发点是爱，而不是因为他们想要伤害自己的孩子。每个人都是按照自己的方式行事的。大多数父母在任何时候都会把最好的事物留给自己的孩子。父母也会有不懂的事，会担心自己的孩子，也许因为他们自己曾经经历过一些苦楚，所以会从自己的人生经历中总结出一些想法，认定某些做法必然导致幸福或不幸的结果。如果孩子们走自己的路，建立起自己的价值观，那么可能会引起父母的反对、批判和不理解："注意了，孩子们！你们有可能会受伤！"除非我们把内心的孩子保护在自己的怀抱中，停止评判，承担起对自己的责任，练习如何原谅……

原谅是一个过程。它不是一种纯粹的思想行为，也不单是由理智决定的。只有在情感上对一件事进行消化加工以后，我们才能真正地做到原谅。原谅并不意味着忽视别人的错误，而是正视它，为自己着想，不再给伤害我们的人权力，让他们去把我们的生活弄得一团糟。

实践中的原谅

1. 时间和空间

请你自己决定，什么时候开始原谅的过程。请你确认一下，你是否想要独自完成这个过程，还是希望一个亲密的人陪伴着你，或是寻求你信任的心理学家、医师、牧师、导师的帮助。请你选择一个能让你感到舒服和安全的地方。

2. 正视，为伤害命名，允许感情进入

请你写下来：什么伤害了你？你能原谅什么？不能原谅什么？请你找到让你感动的东西。你很快就可以把那些可以原谅的东西搁置一旁了。至于那些你最初无法原谅的东西，你需要勇气，允许感情进入，仔细感受痛苦在哪里。

3. 经历感情，保持距离

对于高度敏感的人来说，感情的力量可能极为强大，甚至可以决定生活。但是感情来得快，去得也快。即使是消极的感情也有一种净化的功能。

请你尽情流泪，大声哭泣，跑到森林中大声喊出你的愤怒，捶打坐垫。当你给感情留出空间时，它就会走——前提是你能在内心里与当时情景或者那个人保持距离。

4. 看到现象背后的东西

请你为自己打开感知的大门。你能发现伤害背后隐藏着什么吗？是一种评判？是一个信念？陈旧的伤口还在起作用吗？你能从中学到什么？

5. 放手

请你放下那些伤害。我们可以下决心，摆脱受害者的角色，不再承担这个角色。我们越了解自己，就越容易克服困难。

6. 保持距离

请你给自己的身体和灵魂留足空间，不要沉浸在那些痛苦中。请你让这个过程也发挥感情方面的作用，与那些伤害过你的人有一段时间保持距离。

7. 坦诚却不期待

和一个人的关系越密切，想要永远把他排除在我们生活之外的想法就越没有意义。距离很重要，但是你们之间的联系却不会因此消失。请你保持一种坦诚的态度——不要对对方抱有任何期待，并为积极的想法创造空间。因为我们的想法会影响现实。

原谅是一种神奇的净化力量。它能让我们接受生活中的痛苦经历，并且学习如何和它们相处。原谅意味着接受已经发生的事情。因为当我们有意排除一些东西的时候，并不意味着它们就会从我们的心中消失……

导师、高度敏感者辅导员雅尼娜·邦克（Janine Bonk）是这样认为的：

> 如果在原谅过程结束之后，那个问题又卷土重来了（这非常常见），那么请不要绝望。请你仔细观察并思考有什么发生了

改变。你不需要从头开始。你已经到达一个高度了。因为发展是一种螺旋式的前进。很多人以为发展是直线型的，他们认为能够毕其功于一役。所以当某些问题故态复萌时，这种想法就会使人们产生压力。要是能够理解发展是一个螺旋式的前进过程，知道人们是会在不同层面上重复经历一些事情的，人就更容易应对这个过程。

当你的问题再次出现时，它其实已经变简单一些了。我们的经验越丰富，我们就越能沉着冷静地对待生活，也能越早摆脱那些不健康的期待。我喜欢给我的客户们讲述《西藏生死书》中的一段内容，它讲的是生活和追求：

我沿着街道走。人行道上有一个坑。

我掉进去了。我迷路了……我绝望了。

这不是我的错。

可我花了很久才爬出来。

我沿着相同的街道走。人行道上有一个坑。

我继续前行，好像没看到它一样。我再次掉进去了。

我不能相信，我又来到了同一个地方。

但是这不是我的错。还像上次一样，

我很久才爬出来。

我沿着相同的街道走。人行道上有一个坑。

我看到它了，却还是掉进去了……出于习惯。

我的眼睛开着。我知道，我在哪里。

这是我自己的错。我立刻就出来了。

我沿着相同的街道走。

人行道上有一个坑。

我绕过它继续走。

我走到了另外一条街道。

5

成长——从让你感到舒适的环境中走出来

你一定要去做不能做的事。

——埃莉诺·罗斯福

当和谐之光照耀着我们，天空中没有一丝乌云时，我们就错认为我们是安全的。有些敏感的人可能会想：要是生活中没有矛盾和批判该多好啊——把自己裹得暖暖的，躲在让自己感到舒适的环境中，在自己已经习惯了的小路上蹦蹦跳跳。最好还能让别人负起责任——也就是那些"总是"挑起事端，对我们以及我们的价值观发起挑战的人。

但是，如果我们的舒适环境受到威胁，我们的世界开始动荡不安了，我们该怎么处理呢？如果我们和身边的人或者真实生活之间的关系恶化，雷阵雨即将来临，风暴朝我们呼啸而来，强降雨冲垮了这些和谐景象的基础，我们该怎么办？我们可以躲到被子底下，等待风暴、雷阵雨过去。可这样做就等于什么都没有做，也就是没有正视问题，没有去感受这一切，连将之前的界限突破一毫米都做不到……但是，当雷阵雨过后，太阳重新开始照耀这片天空时，我们会发现什么？光明会揭露这个真相：从根本上说，把我们丢在困难之中而撒手不管的人是我们自己，也是我们自己没有顾及自己的需求。因为新的平衡不是我们的平衡，是别人建立的平衡。我们的舒适区域有漏洞，我们也因此深受其害，有迷失的感觉。

当矛盾和冲突出现时，有些敏感的人甚至觉得对方比自己更需要帮助——可能因为这样才能平息它们，或者他们还需要练习如何在这种情况中正确地感知自己。避免矛盾和冲突的人在这过程中是没有得到锻炼的。这会使情况朝着对我们越来越不利的方向发展，外部的矛盾和冲突慢慢变成了内部的。不论这是和朋友、家人或者伴侣产生的矛盾和冲突，还是和自己或者"生活"——我们只要把矛盾和冲突看成坏事，就会尽力去避免它们。我们没有倾听内心深处强烈的声音，而是像以前一样行事。哪怕我们的直觉发出了红色警报，我们也还是会坚持一些无法挽救的事。可这样做只会让我们否定自己，让我们一再陷入毫无出路的处境。但是避免矛盾和冲突意味着赋予它们权力，让它们变强，强得足以让我们窒息。

避免矛盾和冲突只能让你一再体会到矛盾和冲突让你不堪重负。

然后你就不仅仅会丧失对自己的信任，也会丧失对身边人的信任。

换个角度看问题：情况在变，人们也各有不同。想要过上没有矛盾和冲突的生活，一个必要的前提就是，人际以及我们的内心活动都僵化在一层厚厚的冰层下面。但是，如果我们让自己去经历阳光和风雨、光明和黑暗、暴风和雷电，那么我们的生活就会变成一个妙趣横生的过程。它会一直向前发展，而境遇和关系也会发生改变。这是件好事，就如同每个人都各不相同（有各自的需求、兴趣和想法）一样。

雅尼娜·邦克给了我们一些专业的建议：

拥有应对矛盾和冲突的能力的前提是，承认差异。每个人都是一个宇宙，不同的世界会发生碰撞。在相遇的过程中，不同的感觉起了很重要的作用。

只有我们接受了自己原本的样子，才能拥有应对矛盾、冲突和批评的能力。恰恰是高度敏感的人更难区分自己的和别人的意见。对此，青春期是一个重要的学习阶段。很多高度敏感的人并没有经历这个与父母划清界限的阶段，或者在这个阶段受阻——害怕伤害父母，想要保护父母。但是，我们即便在这个阶段没有完成学习的任务，以后也还是会再遇到它的。因为感知和承认自己的感情是必须要做的事情，哪怕它看起来好像不符合对方的感觉和需求。我们只要接受了别人的期待和评判，就会一直处于和自己以及这个世界的矛盾和冲突之中。认识自我会让我们更容易承认别人的感觉，从反抗和保护的姿态中走出来。只要我们还没有去感知和尊重自我，其他人就有可能会伤害我们。因为我们会接受别人的期待和评判，持续和自己以及这个世界发生矛盾和冲突。

你知道猴子的练习吗？请你每天晚上上床睡觉之前，看一下今天有几只猴子缠着你。猴子代表别人的期待和评判。这些猴子分别属于谁呢？请你把那些不属于你的猴子送还给它们的主人。

是的，矛盾、冲突以及危机可能是非常棘手的事。它们会让我们感到不安或者受伤。那些感觉灵敏的人经常能感觉到别人没有像自己期待的那样对待自己，对自己不够尊重、不够诚恳，对于他们来说，这是一种挑战。但是当我们意识到这种挑战时，我们就可以踏上应对矛盾之路了，这也正是我要讲的内容。请你在这条路上保留善待自己的自由。但是有时候我们也可以暂时避开矛盾和冲突，为的是集聚新的力量或者接受没有解决方案这一现实。即使你拥有了应对矛盾和冲突的能力，也不意味着其他人也都有应对矛盾和冲突的能力。重要的是，不要妥协让步，而是坚持自我。

拥有应对矛盾和冲突的能力的前提是，做好改变自己的准备，并且相信发展是好事，有可能解决矛盾和冲突。矛盾和冲突让我们的生活变得丰富多彩。它们为我们打开了新的视角，让我们继续发展。它们来敲门，要求我们离开让我们感到舒适的环境，重新划定我们的界限。矛盾、冲突以及批评属于生活的一部分。请你不要总是盯着痛苦和你头顶上的乌云，试着从上往下看，站在一个高度上看待所发生的事，请你相信，危机是让我们改变状况和关系的机会，在风雨过后，种子会因得到雨水的滋养而发芽。然后会有新生命诞生，并渐渐枝繁叶茂——一个新的循环开始了。

6

集中注意力——注重质量而不是数量

我们一步一步踏上了正确的道路，行李箱里装着信任，带着开放的、不随意评价别人的态度，时刻准备着治愈旧的伤口，原谅伤害我们的人，把矛盾和冲突看作是机会。在这个过程中，一方面我们的感觉舒适区变大了，另一方面我们的注意力也更集中了。在健康、人际、工作以及业余生活中，数量没有了意义，而质量变得重要了。我们追求完美的倾向慢慢消失了，我们决定了要开始生活，并且不需要把每一件事都做好。我们学会了说不，不再让自己陷入多重任务的困境以及受人支配的窘境。我们重获冷静沉着，能够更好地生活在当下，把注意力放在重要的事情上。过度刺激少了，压力少了，自我怀疑和伤害少了，担心害怕少了，罪恶感也不见了。而我们的力量却增强了，我们也开始变得更加强韧了。请你带着勇气，一步一步地改变自己的生活——首先是小的调整，然后是大的改变，使自己意识到，我们对生活有什么期待，而不是随波逐流。我们要主动地安排生活，而不是被动地接受生活。

我们不再关注"更好、更快、更多"的生活方式，而是关心下一步该做什么。我们知道自己对生活的期待，以及哪些价值对我们来说是重要的。

重要的不是满足别人的期待，而是找到满足感。

我们要把注意力放在当下，这才是重要的事。我们要自主定义"成功"，要有自己的目标，找到属于自己的意义。我们要对让我们有使命感的事情做出自己的贡献。

因为生活不是完美的，所以它并不能永远都按照我们预想的那样进行。不过，这也不要紧，要紧的是决定，是态度的转变。要相信生活，相信自己，哪怕出现新的状况，出乎我们的意料，让我们感觉似乎要从头再来。

感知→信任→允许→体验→加工→原谅→成长→集中注意力→享受→感知……

为了让我们有力量集中精力，投入生活的周期循环，并且乐在其中，在日常生活中我们需要获得能让我们变强韧的因素。它们能支持我们，让我们完完全全享受生活。

7

让人变得强韧的因素——将力量结合起来

为了让我们保持强韧，让内心的所有成长通道都能发挥作用，我们需要在生活中融入一些能够让人变得强韧的因素。为了实现成功对接，时刻与我们内心的力量源泉保持联系，我们需要一些减压方法。为此，我们需要一个固定的地方，让我们在需要休息时及时放空自己。最重要的方法如下：

- 休息＋睡觉：放松，做梦，充电
- 音乐＋歌曲：感受韵律和情感，享受美好
- 活动＋体育运动：减压，保持健康，享受大自然

运动在这三个方法中尤其重要，因为运动可以减压。哪怕我们精疲力竭了，在大自然中散步半个小时也比在沙发上躺半个小时的

恢复效果好。运动能够为日常生活中无处安放的东西创造空间，让它浮出水面，降低由此产生的压力。重点研究身体运作的生活顾问布尔吉特·格布哈德（Birgit Gebhard）推荐高度敏感者去跳舞以及做一些有意识的身体活动：

高度敏感的人习惯于把自己的感情藏在心里，或者不管它们，因为它们经常让他们感到负担过重。舞蹈、身体活动以及运动能够以一种温柔但是深刻的方式重新打开通往自我感知的大门。这样做的"副作用"就是让运动系统充满活力，增强感觉意识。这样做很重要，因为可以保持身体和心灵的健康。身体活动非常能放松精神，因为在这个过程中，人们需要非常细心。对于那些很外向的人来说，通过身体活动也可以结识很多志同道合者。因此，我推荐每一个高度敏感的人去跳舞和进行身体活动。对于我来说，它们已经成为我每天必做的事了，它们让我的生活变得更加充实。

和舞蹈有类似作用的是瑜伽练习，我将用一整节的篇幅来介绍它。非常重要的是，我们用来放松自己的活动不能给我们带来新的压力。因此，请你花时间思考：在什么时间、做什么事，以及怎么做才能让你感觉舒服？你可以把下列建议当作百宝箱，好好查看，并试试其中的几条，你还可以自己去挖掘睡觉、音乐和运动以外的实用方法。祝你的发现之旅愉快！

正念

你无法让波涛停止，但是你可以学习驾驭它。

——乔·卡巴金（Jon Kabat-Zinn）

每天都会有大量的刺激和经历蜂拥而至，有时候我们会迷失方向：哪些感受是属于我的？哪些是属于其他人的？我在做的事是我内心想做的吗？现在我体会到的是自己的感觉还是别人的？可能所有敏感的人都希望自己能够更加沉着冷静地应对生活中的压力，拥有内心的平静。

乔·卡巴金教授针对这一点提出了正念的思想。19世纪70年代时，他在伍斯特大学医学院从这种思想中研发了一套抗压课题。经过科学检验后，这种名为"正念减压疗程"的方法，被应用到世界各地的诊所、健康中心以及社会性、教育性机构中。研究结果表明，在经过两周的使用之后，人们……

- 身体和心理上的病症减少了
- 能够更好地应对压力了
- 放松自己的能力增强了
- 自我信任增加了
- 能够更好地接受自己了
- 拥有了更多能量和生活乐趣

但是，拥有正念是什么意思呢？简单来说，正念的基础是这样一个原则：总是把注意力放在当下发生的事情上，或者像佛教提倡的那样："不要沉迷于过去，不要幻想未来。把注意力集中在当下。"

在正念训练中，冥想和柔和的身体练习能够增强我们感知呼吸、身体感觉、思想、感情以及解释自己内心过程的能力，同时接受外部发生的事，而不是对我们经历的事进行评判。在开始的时候，"不评判"是一个很大的障碍。它要求我们有一个开放的态度，允许事情发生。

在正念中我们可以训练自己的灵魂，保持内心的平静和平和。正念能够帮助我们区分开，哪些感觉来自我们自身，哪些是外界带来的。

正念让我们有机会认清，我们在对待压力、痛苦的感情、身体的疼痛或者困难的交际情境时受到了哪些模式影响，并且让我们学会以不同的方式，更加平静、沉着、冷静地处理所有事。研究表明，多亏了这种方法，自主神经系统机能亢进的情况减少了，身体和精神能够平静下来了，人们也能重获沉着冷静了。

正念的原则讲的是，更好地理解自己，接受我们无法改变的事实，冷静清醒地对待生活中的各种挑战。

　　生活的艺术……既不是无忧无虑地一路向前，也不是杞人忧天地沉迷于过去……而是用心感受每一个时刻，把它看作崭新的、独一无二的，让意识保持开放和敏感。

——阿兰·瓦兹（Alan Watts）

带着意义和使命去工作

大多数高度敏感者早晚都会遇到这个问题：向往做有意义的事，

希望发掘自己的潜力，找到自己的使命。可事实却好像是这样的：工作上的现实和我们内心的向往好像根本无法联系到一起。如果我们问一问自己的理性，那么它就会发出红色警报。什么？你想放弃"安稳"去冒险？要走另外一条路？也许需要从头开始？这怎么能行？我们还有那么多义务要履行呢！

我们将内心的声音压抑得越久，就越难追寻我们内心向往的生活。其实我们可以随时一步一步地开始追求内心的向往。因为我们对它越是充耳不闻，它就会变得越强烈。如果我们不认真倾听它，它就会夺走我们的内部驱动力。肯定只有少数高度敏感者能在一开始立刻清晰地了解自己的使命。对于大多数人来说，这确实是一条需要一步一步去走的路。而且正因如此，鼓起所有勇气，向自己敞开心扉，学会既感受内心发出的信号又赋予它们意义，才显得尤为重要。因为它们向我们指明了下一步的方向。

带着意义和使命去工作，对于高度敏感者来说是非常重要的。我和赖马尔·林根谈论过他的经历，因为身为导师的他选择了这个话题。

赖马尔，为什么意义和使命对于高度敏感者来说特别重要？

首先我可以确定的是，这些事确实很重要，来找我做咨询的人都有强烈的愿望，想要把他们的才能投入到工作中去。到底为什么会这样，我也不知道。让我们来分析一下我在那些高度敏感者身上观察到的东西，根据马斯洛的需求层次理论，他们最强烈的需求在"最上层"。这个需求金字塔直观地体现了我们对不同需求的认识顺序：生理、安全、情感和归属、尊重以及最上层的自我实现。

通常，我们会期待工作带来下层四个层面的满足：工资、安全、归属、认同。高度敏感者比其他人更看重自我实现（在他们眼中，自我实现甚至比工资重要）。自我实现在所有需求中都扮演着很重要的角色。让人吃惊的是，在自我实现这个层次里，起主导作用的不是匮乏，而是富足——我什么也不缺，反而还有东西可以给别人。这里说的不是利己主义，而是"让自己发挥作用"，用我们内心的富足去影响别人。这实际上也是一种需求，它和使命有很大的关系，虽然二者并不能等同起来。

对使命的追求能让人们暂时忽视金字塔底端的基本需求，练习放弃，允许出现缺失，敢于冒险。2000年以前有一个人，他甚至把需求金字塔首尾倒置了。这个人就是耶稣。他将人们的注意力从底层需求转移到顶层："你们要先求他的国和他的义，这些东西都要加给你们了。"神的国是一个很大的概念，在我看来，它的含义是：不要只关注自己的需求，也看一下别人的需求吧！让你的富足流动起来，需人之所需！这是使命的核心，它非常有意义。

很多人深受"求之不得"之苦，因此"停留"在这个金字塔的底端。根据马斯洛的观察，只有2%的人能达到需求的"顶端"，将自己的富足施惠他人。这其实很悲哀。马斯洛观察、研究了无数被他称为"自我实现者"的人。他在他们身上发现了很多良好的品质和价值，并把他们称为"完人"。如果这都不是我们寻找自己的使命的动机的话……

高度敏感者需要什么才能走出自己当下的体系？你有哪些

经验？

意志、勇气、耐心以及大大小小的刺激。很多来找我咨询的人都觉得这些让他们停滞不前了。他们感觉只能做眼下的事，而且还做不好，因为身为高度敏感者的他们对自己的需求并不了解，或者不允许自己有这样的需求。因为他们觉得这样的需求是自私的，所以他们经常感觉受到的刺激太多，自己已经精疲力竭了。他们缺少能量和意志。他们失去了对自身才能的感知。

要走出这个体系，前提是理解高度敏感性以及与此相关的需求。我必须经常鼓励感到精疲力竭的高度敏感者，让他们给自己休息的机会，这样才能慢慢清空他们内心的"中转站"。这个中转站里充满了没有经过加工的刺激和经历。留出一些时间休息并不是自私，而是能为别人做自己喜欢做的事的前提。

为了能够获得新的意志，我们需要去发现我们的内心。在这个过程中，我们会花很多时间去发现自己的优势和才能，还会花时间去了解自己已经做成的事。这种与自身潜能的接触能够增强自信心，激发创造力。创造力对于获取新的意志是必需的。在这里我们要说的是转变思想和质疑（通常来讲，需要做得非常彻底），它们有时候会开启令我们极其吃惊的新篇章。

那些想要打破旧模式，重新选择一条新道路的人，需要别人的建议和鼓励。因为在此过程中，人们需要踏上一块新的土地，尝试以前没有做过的新事物，甚至冒一些险。有时候我们会经历一些困难时期，在那时事情好像并没有顺利向前发展。我们当然会遇到挫折。导师可以承担起建议者和鼓励者的角色，但是我们不能全然依赖他，指靠他，因为这个导师帮助我们的时间毕竟有限。适合这个角色的人是那些和我们性格合得来的人，在思想和行动上果敢积极向上的人。如果我们在生活圈子里遇到了这样的人，要注意加深和他们的关系。对于很多高度敏感的人来说这是一个很大的挑战，但另一方面又是我们前进道路上的宝贵财富。

然而，并非每个人都必须尝试一些完全新的东西。有一句谚语：爱它，改变它，或者离开它。如果我能做到通过改变我的态度来让自己喜欢上自己的处境，那么我就赢了。如果不成功，那么我就应该尝试改变我的处境。换个工作时间可以吗？能找一个更安静的工作地点吗？我能放弃某些任务，换成别的任务吗？写邮件的时间可以缩短吗？有一些调节按钮能让工作变得更加轻松。我们在训练过程中也会提到这些事。但是如果行不通，比如老板不同意，就只剩下一件事可以做了：考虑离开，去尝试新的事物。

对于高度敏感者来说，成为自由职业者是一种可行的解决方案吗？

成为自由职业者称得上是一种解决方案，但是一般来说不是一种快速的解决方案。自由职业者的优势是可以自主选择的工作地点和工作速度。但是相应地，无保障的经济来源并非每个人都喜欢。可以在主业之外做一些兼职工作。听到我建议在"挣买面包的钱的工作"之外再做一个"自己喜欢的工作"时，很多人都觉得非常值得尝试。一个工作赚钱，另一个工作带来满足感。此外，志愿者工作或者兴趣也能带来足够的满足感，它们可以给我们的工作带来一缕阳光，让它变得不那么难以忍受。

当情况不那么让人难以忍受，压力也就没那么大了。而压力减少，我们就会重新获得力量和生活的勇气了。之后就会发生一些神奇的事——我们有了空间和乐趣去研究自己的使命，以及我们的向往将会带我们到哪里去。如果我们找到了正确的轨迹，我们也会意识到这一点。因为这个时候我们会产生一种强烈的内部驱动力，急切地感觉需要继续往下走，我们一直在处理的这个话题也就不那么无聊了。当我们达到这个状态时，也往往表明我们已经找到了自己的使命，可以勇敢地追求它了——连同所有可能会遇到的危险、发展的可能性以及内心的成长。陪伴我们的还有乐趣、愉悦、满足感以及很多我们在路上遇到的可爱的人。

导师的帮助和治疗

在我们遇到困难的时候寻求导师或者顾问的帮助，是完全没问题的，能够意识到这一点也能让我们变得强韧。当我们感觉到，我们心灵的状态总是妨碍我们生活得舒适，甚至伴随着身体方面的症状时，寻求心理治疗师的帮助就非常迫切了。至于那些偶尔或常常感到力不从心的高度敏感者，他们的压力非常大，而这会促进心理问题的产生。

没有人是完美的。仅仅因为我们总是觉得自己和别人不一样，我们就必须通过独立完成所有事，做到和别人一样强悍，来证明我们的优点吗？并不是的。根据我自己的经验，寻求别人的帮助是非常有好处的。我用了很长时间才做到这一点。从那时开始，每次到了生活中至关重要的节点，我就会去找导师。当我还没有计划开始研究"高度敏感性"这个话题的时候，我就已经在向别人寻求帮助了。我的经验证明，我身边总是会有这么一群人，他们可以提供帮助，能够在合适的时间给我正确的启发。

如果你意识到了自己属于高度敏感者，那么就需要去向了解这个话题的专家寻求意见了。来自汉堡的格雷戈尔·施佩希特（Gregor Specht）是为数不多的研究高度敏感这个话题的心理治疗师。他把自己对高度敏感性的认识融入工作中去了：

在我上大学主修心理学的时候，高度敏感性这个话题只是认知心理学的一个边缘现象。那时我们做了皮肤表面对温度的感觉实验。从统计学的角度来看，在这种实验中，大概有15%~20%的人能更灵敏而迅速地感觉到温度的变化。我在课外自学了高度敏感性的知识。根据我的临床经验，我认为，需要心理咨询的高度敏感者应该向熟悉这个话题的专业人士寻求帮助。为什么呢？一个对高度敏感性这个话题一点也不了解的心理治疗师，会把各种现象孤立起来看——他会针对恐惧、抑郁、成瘾或者强迫症开展分别治疗，并没有真正理解这些现象背后的原因和各种关联。如果单纯地将病情诊断为心理障碍或者心理疾病，病人也会因此受到负面影响。高度敏感的病人虽然知道自己患上了抑郁症或者其他心理疾病，但还是不能理解自己为什么不能满足这个世界对他的要求。但是人们如果意识到高度敏感性的存在，就将迎来一些积极的因素。"我不是怪物，我只是具有高度敏感性而已"，这种认识会完全改变人们的视角。

它会带给人们希望，也会激励人们去接受咨询，在咨询治疗的过程中也会起到作用。在这个过程中，高度敏感性本身从来都不需要被治疗，因为它并不是一种病。我们需要治疗的是与高度敏感性有关的其他疾病。

当有人来找我，说他猜自己可能属于高度敏感者，但是又没有遇到什么特别严重的问题时，我就会给他做一次基础的指导。我建议这些人自己去成为这类话题的专业人士——这里要讲的是心理层面的整合以及对评价体系和信念的改变。在心理学上我们把它称作图示。因为"我有问题"的有色眼镜可能对人们产生非常消极的影响。在指导过程中很重要的是用新的信念替换掉这样的信念。这是一种接受正念的过程，也能让人认识自己的优缺点。指导是为了给人们提供启发，使人们具有有意识地积极地应对、处理高度敏感性的认知。高度敏感的人本来就拥有很好的前提条件，能改变他们生活中的事物，因为他们的感知能力和注意力总是非常积极的。这涉及思想、情感和社交等方面。这一方面会产生压力，另外一方面还意味着反思的潜力，这对于改变来说很重要。

重要的是，把高度敏感性的内容和自己的个性整合起来，然后理解这样一个事实：高度敏感者根本一点也不奇怪。不同的人有不同的能力，例如在音乐或者体育方面。高度敏感者只不过是非常敏感罢了。我们要做的就是接受这一点，不随便评价，不和它对着干。那些认识自己、利用自身特质的人，可以非常幸福地带着高度敏感性生活。

在我查找资料的过程中，有段话尤其让我感动：

> 如果我第一次和心理治疗师会面的时候就知道了我拥有特殊的感觉能力，那么听到他说"你患上了恐惧症"时，我就不会感到那么糟糕了。本来我这半辈子就过得和别人不一样，却因为这件事多受了一次伤，它毁掉了我的自信。
>
> 康妮，41 岁

多么发人深省的话语！同时它也给心理学界和医学界敲响了警钟：是时候好好研究一下高度敏感性这个话题了！只有这样，它才能被安排进大学和职业学校的教学计划里，给更多有心理问题的高度敏感者提供帮助，让他们能够对自己的特别之处有健康的认识，帮助他们治疗由高度敏感性引起的疾病。我们要做的还很多，还要继续努力。

饮食

饮食文化、烹饪术、餐饮行业、烹饪节目、食谱……新的饮食理念总是层出不穷。食物对于我们人类来说有一种特殊的意义。食物不仅可以填饱我们的肚子，还可以增强我们的整体机能。对于高度敏感者来说至关重要的是食物的质量，以及它们对我们的健康是否有利。另外，在饥饿状态下，与一般敏感的人相比，高度敏感者的注意力和工作效率更受影响。由于他们对身体内部的刺激和感觉很灵敏，所以饥饿感会显得特别突出。但是高度敏感者中很少有人真的会饿肚子——让我们退一步，放松地看待我们的饥饿感，而不是给它下定义……那么我们就能吃得更加放松了。

除了饥饿感，高度敏感者对下列物质的反应也比一般敏感的人要强烈：

· 咖啡因、儿茶素

· 酒精

· 尼古丁

· 有组胺成分的食物

出于谨慎，高度敏感者应该避免摄入这类物质，因为它们有可能成为强烈刺激的来源，从而让我们产生更大的压力。作为一个爱吃巧克力的人，我知道，要改变旧的饮食习惯有多困难。我给大家一个建议：你可以试着尽量少吃或不吃某种食物，然后看看自己有何感受。请你观察你的身体、工作效率以及压力水平。早上起来你感觉怎么样？你睡得更好了吗？你的皮肤状况更好了吗？你比以往感到更有力气了吗？你的心情如何？如果你感觉自己不能很好地消化某种食物，那么请你尽量放弃它，因为很多高度敏感者都有消化不良的问题。如果你不知道自己对哪些食物消化不良，那么请你寻求医生或营养专家的帮助。重要的是，你需要了解一下，在"禁止食用的"食物中有哪些对你有利的成分，这样你就可以通过吃其他食物来代替它，避免营养不均衡。

除了会让我们本来就敏感的身体变得更加敏感的物质以外，意识形态方面的因素也会影响我们的饮食。有一些高度敏感者崇尚半素食主义或者纯素食主义，因为如果没有任何动物因为他们的饮食而死亡，他们就会感到更加舒服。可是我们如果把这种思想极端化，就必须放弃粮食和蔬菜了。为什么？一方面，农民们会杀死农田里的害虫。另一方面，最新的研究表明，植物也是有智慧的生物，它们可以用它们特有的方式互相交流。研究过黄豆的人都知道，为了种植黄豆人们砍伐了大面积的热带雨林，那些纯素食主义者非常推崇的豆制品同样也是经过高度加工，消耗资源的食物。如果一味深究饮食这个话题，那么问题会是无穷无尽的……

或者我们可以在一个健康的范围内思考这个问题，思考我们真正需要的东西。总体来说，少吃肉这个想法是好的，因为这不仅保护了动物，也保护了我们地球上的各种资源。那些完全不吃肉和鱼的人，必须额外补充（工业制造出来的）维生素B12以弥补他们因不吃肉而缺少的营养，因为缺少维生素B12会导致严重的神经系统问题。此外，人们还要注意补铁。那些不从肉和鱼中获取蛋白质的人，也必须找到替代品。可乳制品、黄豆、坚果、粮食和荚果会让很多人消化不良或者过敏。我们可以看到：饮食这个话题还真是复杂……

那么，健康均衡的饮食的关键到底是什么呢？这里面最重要的又是什么？重要的是我们能够和自己保持良好的沟通，有意识地倾听我们内心的声音，不要受到广告的诱惑，远离富含防腐剂的食物，正确处理想吃东西的欲望，不要用食物来代替情感需求，或者试图借酒浇愁，用咖啡或茶来驱散疲惫。当我们虽然不饿却在吃东西，或者吃了、喝了一些不健康的东西时，我们就可以肯定，我们有情感上或身体上的需求没有得到满足，我们应该给予这些需求一些关注了。但是我们并没有给自己空间去体会这些需求，而是突然用食物来填满自己的肚子，我们的身体根本无法消化这些东西。不得不承认，这种做法在大多数时候起效会比较快，看起来好像也有效果，但是它并不是一个好的选择。因为长此以往我们会变胖，身心健康也会受损。

饮食这个话题关乎意识、需求、价值和正确的度。

我们要花时间考虑这些问题：我真的饿了吗？还是我尽管不饿，却想吃东西？我需要什么？什么会让我感觉舒服？我缺少什么吗？我现在对什么有胃口？我现在想到了什么食物？

我们的直觉是精确的工具。我们可以相信它。重要的是，我们要学习在日常生活的种种压力之下倾听内心的声音。不论是疯狂地节食，践行素食主义，花钱制订私人减肥计划，还是听取朋友们好心的建议，我都尝试过，可多年来我一直都受一个问题困扰：哪些食物是适合我的？在我尝试了几种以后，我总是会得出结论，我要对自己和身体负责，要搞清楚哪些食物对我好，哪些不好。当我把饮食和自己的价值观联系起来时，事情就变得顺利了。有一些人想要吃素，但是又害怕自己缺乏动物性蛋白质。一个可行的解决方案就是，只吃一点点肉，而且要吃那些用科学、人道的饲养方式饲养出来的动物。在吃东西之前我们可以在内心致谢。此外，我们还应该对某些事表示感谢：我们有如此丰富的食物可供选择，我们需要思考什么对我们好，什么不好，这真是奢侈啊。我们应该意识到，我们生活得多幸福！

要承担起对饮食和自己身体需求的责任，就需要得到指导，下面就是一些建议：

- 每天喝 2~3 升水，最好是喝白开水和药草茶。
- 多吃蔬菜，少吃水果（关键词：果糖），这样可以保证维生素、矿物质和微量元素的摄入。
- 均衡的饮食应该由 50%~60% 的碳水化合物，15%~20% 的蛋白质以及 25%~30% 的脂肪构成。还有一些建议认为，那些只从事少量体力劳动的人应该降低碳水化合物的摄入量。抛开各种具体的建议不谈，我们能够确定的是：摄入这三种物质，身体才能保证新陈代谢的正常进行。
- 优质脂肪很重要，它可以保证维生素很好地被我们的身体吸收。Omega-3 脂肪酸对我们很有好处，它存在于核桃、橄榄油、亚麻籽油或者鲑鱼中。
- 对于半素食主义者还有纯素食主义者来说，要额外补充维生素 B12 和铁。
- 如果可以，请注意食物的来源：了解一下食品包装上盖的章。
- 晚上最好少吃，这样能减少身体的夜间负担，让身体更好地恢复状态。
- 生食并不总是最好的选择。相比生的蔬菜，很多高度敏感者能更好地消化煮熟了的蔬菜。
- 把蔗糖和精白面粉的摄入量降到最低，避免摄入反式脂肪酸（薯条、薯片，所有用油加工的菜肴、油酥饼等）。
- 至少花 20 分钟用餐，做饭的时候要精心制作。吃饭的时候要集中注意力，不要一边吃饭一边上网、读书或者看电视。

· 尽可能多地呼吸大自然里的新鲜空气，接受自然光的照射，确保身体能合成维生素 D，这也属于健康的饮食习惯。

请你对自己以及自己的生活空间负责，搞清楚什么对自己好。因为饮食对我们身体、精神以及心灵的健康很重要。

人如其食。

——路德维希·费尔巴哈（Ludwig Feuerbach）

让我们做一些对自己好的事，与世界保持和谐的关系。在这个意义上，祝大家都有好胃口！

非暴力沟通

人，不能不沟通。

——保罗·瓦兹拉威克（Paul Watzlawick）

整个生活都由沟通构成。哪怕不说话，也是在沟通。在沟通中，对方可能还没意识到呢，我们高度敏感者就已经感知到他们表情和肢体语言中的每一个小细节，也就是沟通的诱因。如果我们会错了意，因此而责备别人，那么沟通就会陷入僵局，之后就会产生矛盾和伤害——这可不是一个友好相处的前提。非暴力沟通也被称为移情式沟通，要想使沟通顺利进行，需要双方在沟通时对彼此尊重。非暴力沟通的概念是由美国的马歇尔·卢森堡提出的。他是国际非暴力沟通中心的创始人。为了搞清楚非暴力沟通到底是什么，我和非暴力沟通的指导者和导师马库斯·阿萨诺（Markus Asano）进行了对话：

非暴力沟通是一种态度。它讲的是如何对待自己以及周围的人。非暴力沟通的基础是，用一种充满爱的态度对待自己，关注自己的内心，观察自己的内心活动，关注自己内心的感情以及需求。非暴力沟通是一个很美好的过程，我们可以认识自我，了解并承认自己的需求，接受这样的自己。恰恰是像放松和安静这样的需求在我们的社会中经常被忽视。我们讲的是一种平衡，借此使自己过上一种能够满足自身需求的生活。我们中的很多人在生活中并不懂得关注自己的需求，而是过分关注外界对我们的期待。那么，我们与别人发生冲突的情况就会越来越多，这会导致我们的需求得不到满足。

非暴力沟通的四个基础：观察、感受、需要、请求。

告知别人你的观察：观察说的是客观地描述别人的行为或者话语，而不对此进行评价，也不对此进行一般性的概括评论。不要说"每次我回家都能看见厨房里到处都是没洗的锅"，而是要说"我回到家，看到厨房里有三个锅没洗"。人只要听到责备的话语，就会失去为别人做事的兴趣了。两个人的关系会因此受到影响。非暴力沟通能够让我们的关系保持稳定。

说出自己的感受：在非暴力沟通中，我们需要了解，对方或者某种情况让我们产生了哪种感受，然后将这种感受表达出来。问题的关键通常是我们并没有说出自己的真实感受，而是表达了一种伪感受。不要说"我觉得自己被利用了"或者"我觉得我没有得到重视",而要说"我害怕""我很悲伤"或者"我感到孤单"。非暴力沟通的方式把我们的感受视为了解自身需要的手段,在这种意义上是没有所谓的积极或消极的感受的——只有不舒服的感受和舒服的感受。如果我们学会了倾听这些感受,那么就迈出了重要的一步。因为只有当我们知道了自己缺少什么时,才能更好地为自己做事。

认识自己的需要:重要的是搞清楚什么是需要。喝咖啡或者散步不是需要,而是行动。我们需要了解,自己是出于什么动机才想做这些事的,以及刚刚做出的行动是否能满足自己的需要。例如,你真的只在感到饿了时才去吃东西吗?在你并没有感到饥饿,却想吃东西时,请好好审视一下你的欲望背后的深层原因。你真正需要的是什么?非暴力沟通之父马歇尔·卢森堡曾经说过:

每时每刻,每个人都在竭尽所能地做着对自己的人生最好的事。

当需求出现时,会有很多满足这种需要的方式。但是我们通常只能了解到其中很少的一部分。

就我个人而言,非暴力沟通的方式扩展了我的行动方式。大多数时候让我们陷入争吵的不是我们的需求,而是我们的行动。假设一个人想去散步,另一个人想去看电影。如果我们观察一下这两个人的需求,就会发现,他们两个人需要的是一致的——一起做点什么。这便开启了和睦相处的新空间。非暴力沟通想要找到一个令双方满意的解决方案。我们如果能够认清自己的需求,就会吃惊地发现，找到一个解决方案是非常快的！人们习惯于依赖彼此，因为他们期待别人能满足自己的需求。但是仔细想想，只要我是一个健康的成年人，其他人就没有义务来满足我的需求。每个人都要为自己负责。然而，如果我们能自愿地为别人做些事，给他们带来快乐，那么也是一件非常好的事。

表达自己的请求：这里我们要讲的是表达出自己希望对方做些什么。举个例子：你的伴侣整天打电脑游戏，这让你感到很困扰。你感觉自己很孤单，想要和他有更多的沟通。那么现在你要做的就是向你的伴侣表达这种请求。为了保证这个请求听起来像是一个请求，你需要做到能够接受对方说"不"。不然的话，你所表达的就不是请求了，而是一种命令。在我学会接受别人的拒绝之后，他们反而更会去做一些我希望他们做的事。相反，如果我提出的是命令，那么我收到的就是反抗。因为我的命令会触发别人对自主和自由的需求，然后就只有两种可能性了：反抗或者屈服——这样就不能形成互相尊重的关系。但是有很多人宁愿选择屈服，因为这样他就不需要负责任了。

非暴力沟通的理念中包含三个表达请求的建议：

·请你积极地表达自己的请求。我们要做的是表达你想要什么，而不是你不想要什么。

·请将你的需求表达为具体的行动。不要说别人应该做什么，而是他可以做什么。"请你给我带一束花来"要比"你能更爱我一点吗"好。

·请求必须在此时此地得到满足。不要说"咱们改天聚一聚吧?"而是现在就一起喝一杯咖啡或者约定一个固定的日期。

总结一下也就是:当我们学会了理解自己,也就学会了设身处地地为他人着想,然后我们就不会再对他人进行评判。我们知道,别人只不过是和我们一样在满足自己的需要而已。

我们要做的是在自己的需要和别人的需要之间寻求一个平衡——一种健康的、顾及双方的平衡。从"非此即彼"中走出来,做到兼顾双方。

非暴力沟通的概念为高度敏感者展现了新的视角:不再为和别人沟通感到头疼,而是从中得到乐趣。针对这一点,对高度敏感性以及非暴力沟通有深入研究的布尔吉特·格布哈德也讲了自己的看法:

非暴力沟通的理念在过去的几个月和几年中成了我处理自身高度敏感性的工具。非暴力或者移情式沟通让我不再有这样的表达,"我不舒服都是你的错",而是让我开始问自己这个问题:"在和别人沟通的过程中,我的哪些需要是没有得到满足的?"然后和对方就这个问题的答案进行沟通。这样做不仅让我放松了下来(因为我对自己以及什么对我来说是重要的事有了更深入的了解),而且让沟通的氛围变得更加轻松了。因为当我表达出我的观察结果,而不是我的评论,更多地表达自己的感受而不是指责对方时,对方也能够更加容易、积极地对此做出回应。非暴力沟通搭建了一个基础,在这个基础上两个人可以互相靠近,哪怕他们有不同的需要和价值观。

高度敏感者可以从非暴力沟通的理念中汲取真正的能量,

因为他们经常能够本能地感觉到自己和对方的需求。在这个过程中非常重要的是，要了解自己的极限，才能不对自己提出过分的要求。当我在对话中询问"我现在需要什么"或"你现在需要什么"时，事情就会变得清晰明了，我也能保护好自己的界限。要是双方都感到自己得到了对方的理解，被对方重视和倾听，那么就都会做出积极的回应。这又会促使以团结和信任为基础的关系的产生——这是一种很多人都向往的关系。当我用移情式的沟通方式进行沟通时，我会感到自由。在最理想的情况下，这会使人们关注自己的价值观，从而产生非常奇妙的人际关系。

布尔吉特·格布哈德，48 岁

最喜欢待的地方和居住环境

我们如何布置自己的住所？在哪里住使我们感到最舒服？这对所有人来说都很重要。我们都希望能够有一个家，一个家乡，一个让我们感到安全，使我们受到保护的地方。在这里我们能够缓解压力，放松身心，获取力量，重新充电——因为我们在这里感到无拘无束。在居住心理学家和作家芭芭拉·佩法尔（Barbara Perfahl）博士看来，这是一种心灵的家园。我们大多数人都会和一个人或几个人一起分享一套住房，因此这位居住专家推荐我们在这套住房里安排一个只属于我们自己的空间：

我认为，每个人在房子里布置一个专属的个人空间是非常必要的。这个地方能让人感到安全，即"我的地盘我做主"。它能让人产生这样的体验：我可以按照自己的想法来布置和控制某个地方。在这个世界上有一个只属于我的地方，其他人也承认这个事实，并且不会有人越过界限。

很多人都没有过属于自己的空间。有时候这并不容易做到。但是我还是觉得，人们还是应当尽量找到这样一个地方。在这里，我一方面能够做自己，另一方面可以坦然面对自己心灵的每一个小细节。在这里，我不会被打扰，可以被我喜欢的东西和我喜欢做的事所包围。这是我的私人空间，是一个可以独处的地方。"独处"的意思是，卸下所有角色的面具。我们要做的是在一个自己创造的框架内活动。一个符合自己需求的空间，能够为我们提供保护。在这里我们能够和"自己"好好相处，或者更好地、"单纯地"独处；在这里我们可以不管其他事，只关注一些积极的事，产生一种只有积极的感情的气氛。空间是感情的空间，尤其是对于自己的独处空间来说更是如此。

找到一个专属于自己的、舒适的独处空间吧。它让家庭生活中的每个人都能保护自我或者找到生存空间——不论是冥想、祈祷、做瑜伽、安静地写作、读书，还是创作、制作手工艺品或者音乐作品。花园也可以成为我们的私人空间，它不仅能为我们提供空间，而且能让我们以一种特殊的方式体会到，我们能够有多亲近自己：可以通过各种五颜六色的漂亮植物，可以通过我们亲手播下的种子，和它们培育出的植物。

除此之外，还有一些很重要的居住因素。奥地利的生活顾问布尔吉特·格布哈德就属于高度敏感者，她和很多敏感的人一起工作。

她跟我分享了自己的经历，在这里我也想分享给大家：

材料 + 电磁波

你如果是那种可以感受到很多电磁波的人，最好选择一个比较自然的环境，比如砖砌的或木质的房子里，也就是说要选择那种用自然材料建成的有天然电磁波的房子。混凝土或廉价的建筑材料对那些感觉灵敏的人来说会有消极的影响。请你在选择住房之前询问一下房子的建筑材料——有毒物质越少越好。

建筑方式 + 装潢

有通风装置的被动式节能屋不是理想的选择。它们会产生噪音和穿堂风。两者对于高度敏感的人来说都是困扰因素。在选择厨房和浴室的装潢时，你需要注意，尽量装潢得中性一些。如果希望在装潢中加入彩色的元素，最好是通过单独的、非固定的装饰品来实现，而不是选用固定、无法移除的装饰品。否则，要是某一天我们感到不堪重负了，也难以迅速更换它们，而非固定的装饰品就很容易替换。

声音 + 音响效果

请你注意隔音效果。高度敏感的人需要安静，因此，隔音效果不好的住房对于高度敏感的人来说并不是最理想的。如果你刚搬进了一个和别的家庭合住的房子，那么请你尽量选择居住在顶层。因为楼上传来的声音会比楼下的更强烈。你在参观房子的时候就需要花一点时间听一听房子里的各种声音——能否听到噪音？或者附近是否有一条车水马龙的街道？那可不是能让人安静居住的好房子。

让人感到舒适的因素

请你注意选择有很多窗户，并且可以借此看到外面的美景的房子——外面最好是自然环境。因为阳光以及和大自然的联系不仅仅会让人感到舒服，而且对于我们的健康也有好处。如果这个房子有异味，那么可以使用芳香精油来中和一下让人不舒服的气味。

环境影响

有一些高度敏感的人对霉菌、高压线或者移动电话的基站反应很强烈。

如果现在的居住地存在自来水方面的问题，那么请你选择一套合适的净化系统来提高你家里饮用水的质量。

清洁

像清洁我们的身体一样，请你选择含有天然成分的温和的清洁产品来清洁你的住房。

你现在的居住环境和你理想中的一样吗？祝福你！如果不一样，那么请你考虑一下，你能做出哪些改变。你希望或者必须马上搬家吗？把注意力集中在这个房子的某个缺点上，真的有好处吗？或者，哪怕这个地方不那么完美，有没有什么解决的办法？请你花些时间，安静地想一想，你究竟需要什么才能让你的房子变成你最爱的地方之一，也许你可以改变一下空间的分配或者打扫一下房间？这个房子里已经有你的专属空间了吗？你需要做些什么才能让自己感到舒适？你需要更加频繁地开窗通气吗？还是你需要把暖气的温度调高一些，哪怕这会花更多的钱，浪费更多的资源？你有必要对房子进行修缮吗？有没有什么你必须和房东解释清楚的事情？如果一切看起来都很糟糕，那么请你搞清楚，对于下一个家，你最看重哪些地方，然后就可以着手去找了！只有努力寻找，才能有所发现……

冥想

在西方世界，还没有哪种智慧修行方式像冥想这样受人欢迎。冥想没有宗教的限制，也无关一个人所处的文化传统——不论是佛教、日本的禅宗、中国的道教（气功）、基督教（默观），还是印度的传统信仰，到处都有冥想的影子。

选择冥想的人非常多，甚至连公司的高层都在冥想。这肯定是有原因的：冥想的人可以到达一种静的境界。脑科学的研究者发现，冥想对大脑神经有积极的影响，可以减压，促进注意力的集中，帮助人们放松，甚至可以缓解疼痛。一些医学家和心理学家也把冥想视为一种促进身心健康的方法。

那么冥想到底是什么呢？雅尼娜·邦克把冥想描述为一条回归自我的自然道路。它能让人拥有勇气：

> 很多人把冥想和纪律与强迫联系起来，但这是不对的。恰恰相反。在冥想的过程中，快乐是非常重要的。那是一种时刻，在这时人们既不需要达到什么，也不需要安排什么，更不需要排除什么。它只需要内心的许可，允许它在这一时刻"存在"——和当下的内心以及外界的一切共同存在。这就是冥想。我们在日常生活中已经习惯了满足别人的期待，完成别人交付的任务，并且时刻保持身体的运作。因此，感受到这种纯粹的正念，对于我们来说也是一个很大的挑战。如果我们能给自己的内心和外表一个微笑该多好啊！

雅尼娜·邦克推荐我们坐下试一试。冥想是通往"存在"、本质、自我的道路。因此，冥想可以成为高度敏感者们强有力的后盾，帮助他们变得强韧，清晰明了地看待事情，并且变得宽容大度。冥想服务的对象不是别人，而是自己。请你为自己花一些时间。冥想是一种无为的状态，此时我们以一种与往日不同的方式存在着。

有很多方式、方法能够帮助我们到达这种"无为之境"。默数或者观察自己的呼吸可以帮助我们进入冥想的状态。你也可以盯着一支蜡烛看，找到冥想的存在之处。你也可以到大自然中去冥想，完全把注意力集中在冥想这件事上：抬起双脚，向前伸直，再将双脚弯曲收回放在膝下。基督教中的默观是固定的模式，通过深入地研究《圣经》经文或者《圣经》中的引语，让思想集中。这些方法的目的都是为了打破固有的思维和行为模式。你现在是不是在想："我以为，在冥想的时候是不应该想事情的。"你有这种想法，是因为梵语翻译过来的时候发生了错误。冥想并不是要求人们什么都不想，因为人类精神的天性就是思考。

在冥想中是要变得安静，观察自己的思想，而不是和我们的思想融为一体。

想法来了，我们注意到了它们，之后它们又消失了。这个过程像是一个波浪形的运动。思想的波浪起起伏伏。冥想将我们从这个自动化的过程中带出来，它使我们摆脱不受控制的思想。

你将会明白，这是怎样一种体验："思考"会发生，而且你能够决定自己是否要认同这些想法。冥想带给我们自由以及内心的灵活，最终创造出一种内心深处的平静和安宁。

感情在冥想的过程中也会得到升华。我们也可以像观察我们的思想一样去观察我们的感情。请你尝试坐下来，让你的想法和感受自由来去，这就是冥想。冥想说的是让我们始终处于这样一个时刻：在我们走神的时候，重新建立起对当下的观察，也就是一个打破自动思考的时刻。

佛教轶事

学生："我的冥想太糟了。我的注意力总是被分散，会去想一切可能想到的东西，我的四肢都会感到疼痛，最终我总是会不由自主地睡着。"

老师说："这会过去的。"

一周之后这个学生又来了，他说："我的冥想好极了，我现在完全清楚了，可以集中注意力，保持平和了。"

老师说："这会过去的。"

我们对于冥想尝试得越多，就越能够进入深度冥想；冥想的积极影响也会增强。规律性很重要。但是我们需要从少量开始，每周进行两三次，这样才有意义。我们如果能做到这些，就已经有不少收获了。计划得太多，就会存在陷入压力的危险，因为你太想取得一定的成绩了。对于冥想的初学者来说，在小组中进行冥想会有帮助。这样做会让人快速进入冥想。

基本上人们可以在任何地方进行冥想。在每天短暂的休息时间中进行冥想也是可以的。请你抽出一点时间，就在你现在所在的地方，短暂地停下来，有意识地调整呼吸。如果你想要多花些时间冥想，那么你最好找个地方坐下来。请你感受自己的内心：我现在在哪里？我的坐姿如何？我的身体感觉怎么样？现在的感情是怎样的？我的背部挺直了吗？我的呼吸顺畅吗？我的身体放松了吗？我的视线是直的吗？我想要睁着眼睛还是闭上眼睛？

你有兴趣现在就尝试一下吗？那么请你花几分钟时间试一下。

冥想是一种神圣的休息。这种休息可以随时随地发生，不管我们在哪里，例如上班的路上，因为没有人规定我们必须在到单位之前就开始处理与工作有关的事情。享受这段时间，活在当下，不是更好吗？如果这样行不通，那么这个源自佛教的小窍门可以给你帮助：请你用一句简单的"是的，谢谢"来替换你的想法。这句话饱含力量，积极向上，而且非常有效。

试想一下，对你自己和当下的情况说"是"，会带来哪些改变——这就是冥想的精华所在。

大自然和可持续性

我们人类向来喜欢在闲暇时间到大自然中去。我们可以本能地感受到大自然给我们的力量。很多大文豪创作出的伟大诗篇都源自他们在大自然中漫步时看到的难忘美景。孩子们身处大自然中时也会比在室内时更加平和。森林教育学家凯瑟琳·奥登堡（Katrin Oldenburg）以前的工作是为疗养院培养管理人员，她在工作时发现，她所开展的所有课程中，只有在埃尔茨山脉地区户外的新鲜空气中进行的课程能获得最好的效果。参加课程的人变得更加开放，很快组成团队，小组中的沟通也进行得非常顺利。"当你不是坐在让人窒息的会议室里，感受着四面墙带给你的压抑，而是在大自然中被自然的光线和绿色所包围，这个时候事情就变得简单多了。"她的课程理念成功了，得到了非常好的反馈。参加课程的人不仅仅是把课上学到的知识记在脑子里，而且还将它们付诸实践了。通过这次经历，凯瑟琳·奥登堡成了森林教育学家。在这份工作中，她可以好好利用自己高度敏感的能力。现在，这位大自然的爱好者工作、生活在自己的"神奇森林"里，它坐落于武尔姆贝格与荷尔斯泰因之间神秘的哈尔茨山脉地区——这个地名本身就在向我们讲述哈尔茨山脉地区神秘的神话和传说。这是一个充满大自然神奇力量的地区……

事实是这样的：大自然对人们的交流有积极的促进作用，能促使人们打开心扉，对人们的各种感官也都有促进作用，并且能够增强人们的集体意识。一项美国的研究表明，一个参加创造力测试的小组在户外远足途中获得的成绩明显比之前要好。英国的研究者发现，在大自然中待了5分钟后，人的自我价值感便已经有所改善——尤其是在参与者年纪轻轻，且承受着巨大的心理压力的情况下。

那么，如果我们到大自然中去的时间越来越少的话，会发生什么呢？我们会丢掉和自己的联系，因为我们是大自然的一部分。我们对这件事知道得越少，我们在与自己以及生活环境相处时碰壁的次数就会越多。我们看不到滋养我们的东西了。如果我们能够多在大自然中活动，我们的状态就会变好，我们就又能重新找回和自己的联系了。

德国联邦自然保护局推荐人们把大自然当作平衡压力的手段。它的网站上这样写道："大自然对人的心情和注意力有积极的影响，能够创造与平时不同的经历，通过放松心理和情感达到减压的目的。"这听起来有些矫揉造作，但这确实是让所有人保持健康的关键性因素之一，尤其是对于那些高度敏感的人来说。因为接下来我们要讲的东西听起来就不矫揉造作了，森林看起来更像是人们的一个充电站：树木可以过滤掉空气中的灰尘，让我们自由地呼吸。由于树荫、植物的防风效果以及地表和水面的蒸发效果，森林里的气候非常怡人。森林中的空气里含有挥发性芳香精油，能够提升我们的舒适感。树木像是一道声音的屏障，能够创造一种安静轻松的氛围——除了春天的时候，因为那时鸟儿们会在枝头兴奋地鸣叫，空中到处都是它们交配时发出的叫声。在森林里，我们会不由自主地活动起来，这对我们的身体健康来说是另外一个加分项。这些能降低我们的血压，让脉搏减缓，促进减压，让我们不再执着于生活中的那些琐事。简而言之，我们会感到舒服。即使我们不是在森林里，而是在山里漫游，欣赏壮丽的景色，光着脚在沙滩上散步，在湖中游泳，观察蝴蝶在空中的舞蹈，或是在田间地头观赏落日，我们都可以感受到大自然为我们提供的宝物——所有这些都是我们身体、心灵和精神的食粮。如果我们时常到大自然中去，就更容易追求可持续性发展，变得更加有环保意识，能够和我们的价值观和谐共处。所以请大家到大自然中去吧！森林教育学家凯瑟琳·奥登堡也这样认为：

　　万物皆流。古希腊的哲学家赫拉克利特已经告诉我们万事万物的统一性了。万事万物都彼此关联，但是我们人类却好像常常以为自己置身于自然周期"以外"。很多城里人的日常生活远离大自然，以至于他们失去了和自我的联系，失去了与滋养他们的大自然的联系。人们无法从绿色的远方、金色的田野和平静的湖面中获益。大自然对于我们以及我们的身体来说才是一种真正的赐福。当我们在林间田野漫步的时候，我们的身体得到了放松，我们可以深呼吸，绿色能让我们安静下来，我们的身体感到自由。自然的光线让我们的心灵感到舒适，沐浴在阳光下，可以让我们的身体中合成维生素 D。在大自然中我们可以感受到四季的变化。春夏秋冬在向我们讲述着生命的循环：

出生、成长、开花、枯萎和死亡。万事万物都彼此相连。我们也生活在周期中。事件一个接一个地发生。一个段落结束了，另一个便开始了。大自然是一个智慧的生活大师。过高的期待以及永葆青春的愿望不符合生命的自然过程。我们像这个星球上的所有其他物种一样。再次提到这件事，是想让大家保持清醒的头脑。到大自然中去，因为那里有真正的力量源泉！高度敏感的人可以通过他们敏锐的感觉更加深刻地感受大自然，并从中获得积极的、放松的治愈效果。

让人变得强韧的关系

如今，家庭正变得越来越小。越来越多的人被迫或者自愿地选择一种没有伴侣、没有孩子的生活。工作对人们的专业技能要求越高，就越要满足他们对地点的灵活性的要求——人际网络可能因为一个新工作在一天之内被切断。即便是家人之间的关系，也会因为离得太远而生疏。但是，为了让我们保持灵活性，当事情进展不顺利的时候，我们希望自己不是孤单一个人，而是有人支持和帮助，所以我们是需要社交网络的。以前我们能与在邻里、俱乐部以及志愿服务机构中认识的人相伴。现在，真正的人与人之间的交往变得越来越少见了，尤其是在城市中。建立个人社交网络非常有必要，在这些网络中人们可以互相帮助。

建立良好的关系，并借此变得强韧的前提是我们的自我意识。我们越真实，就越能快速地遇到我们喜欢的人，因为他们喜欢我们的性格以及所有优点、缺点和怪癖。只有向自己敞开心扉，我们才能找到适合自己的人，或者识别出哪些人对我们没好处——也就是总会让我们耗费精力以及丧失对自己的好感的人。我们需要一种让自己变得强韧，给自己足够多的空间，让自己对需求敞开心扉的人际关系。我们需要能够接受我们原本样子的人。如果在一段恋爱关系或者友谊中，对方不能看到我们哭泣，并且觉得亲密的感情会给他造成负担，那么这段关系带来的多半是沮丧而不是开心。因为，如果我们在交往过程中总是感觉自己不被理解，不能表现或表达自己的需求，那么这种关系就会给我们带来压力。

每个人都需要一种可以使自己变得强韧的关系。建立关系的对象可以是丈夫或者妻子、伴侣、朋友、网友、合伙人或者可以帮助我们的人，例如医生、治疗师、导师或医师。请你搞清楚，你的交流对象是否认可你，看得到你的需求，认真对待你，还是说他想要强迫你去适应某种模式，因为他觉得你让他感受到了负担。

重要的是，我们要对自身的各种关系负责任，而不是让别人对我们的状态负责。

我们是否想和某人取得联系，最终是由我们决定的。

让我们来看一下事情的另外一面：高度敏感的人有很多东西可以分享。我们是很好的倾听者，能感觉到别人的心情。感受别人的需求对于我们中的很多人来说是很容易的事。这是一种财富。但是，要注意：如果我们面对的是一个一直在耗费我们的精力，却不想承担责任的人，那么这种关系不仅不会让我们变强韧，反而会削弱我们。有些人根本不懂得尊重别人，甚至会随意践踏我们的感情，利用我们的同情心。针对这些人，我们只能跟他们说再见了。因为一段良好的关系需要付出和索取，不经评判地接受以及尊重他人。这是使一段关系实现良性发展，使所有当事人实现成长并从中受益的基础。

恋爱、结婚、同居是人与人之间最美好、最有挑战性的关系。如果一段关系中的一方或双方都是高度敏感的人，那么他们需要注意些什么？而这种关系有哪些特点呢？

- 交流是每一种关系的核心，尤其是在那些有挑战性的关系中。高度敏感的人倾向于避免矛盾和冲突。所以我建议：请你学着为自己和自己的需求着想，不要害怕对方的感情。关系亲密的人在遇到危机时会变得容易受伤，这是很正常的。

- 不管有没有领结婚证，也不管有没有孩子，作为独立的个体以及伴侣，那些决定了要一起生活的人，都要做好准备，共同经历生活的起起伏伏，共同成长。生活由周期构成，有阳光也有风雨。

- 请你搞清楚一件事：每个人都有不同的需求。世上不存在满足所有需求的万能药。与高度敏感者或一般敏感者相处各有利弊。重要的是你需要找到一个支持你的人，他对你的态度总体来说是慷慨、和蔼、积极的，能让你变得强韧——不论你遇到什么样的危机。

- 高度敏感的人看起来好像对不寻常的解决方案持开放的态度：只要觉得合适，他们可以接受分房睡，分开住，不要孩子或是谈一场忘年恋。请你倾听内心的心声，弄清楚什么对你来说是重要的事，一段恋爱关系怎么样才能成功。请你保持灵活性，因为人们以及伴侣关系总是在向前发展的。

· 请你相信你的直觉，不仅仅要关注伴侣的需求，而且要为自己着想。高度敏感的人习惯于把自己的需求放在最后，但是长此以往会面临很大的压力，而且会感觉孤单，甚至感觉不到自己有一个伴侣。

· 在一段良好的伴侣关系中，能量会在双方之间来回流动。它是一种付出与索取的关系，而且我们时不时会发现一方付出的比另外一方多。但是请你注意，为了实现长期的平衡，你应该在相处过程中时不时地展现出自己的敏感性。

在恋爱关系中，双方需要坦诚和包容。对那些受过伤害的人来说，再次开始新的关系，认清旧模式，打破它，并且建立新的模式很难。尽管这很难，但是为了能成功，我们需要一把雨刷，擦去社会、广告、电影和电视描绘出的与人际有关的理想图画和期待，踏上探索之旅。问一问自己：我有什么样的需求？我能想象到的恋爱关系是什么样的？我需要什么？我想要怎样生活？回答这些问题的基础是：对自己和对方的爱以及尊重。

动物伙伴

人啊，你说，狗是我的最爱，
这是罪啊。

狗在风暴中也对我保持忠诚，

人在风中却做不到。

——弗朗茨·冯·阿西斯（Franz Von Assis）

阿西斯的这段总结，在很多人（尤其是高度敏感者）身上得到了证实。很多高度敏感的人都说自己喜爱动物，感觉和动物待在一起时很舒服。他们通常和狗狗之间有一种天然的亲密感，因此也能很快和它们打成一片。和人类交往时我们会戴上一些面具，而面对动物时，我们就可以摘掉面具，做自己了。很多高度敏感的人都有过这样的经历：在和动物相处的过程中能够感到自己产生了新的力量。为什么会这样呢？我也思考过这个问题。在"心之犬"（HerzHunde）工作的布尔吉特·史密茨注重研究狗狗和人类的关系，她的工作主要围绕着尊重和信任这个话题：

那些经过了"健康"驯养的狗狗，会接受我们原本的样子，而不带有任何偏见。虽然听起来可能不太浪漫，但这和我们人类所理解的"爱"其实没多大关系。让动物建立起对我们人类的基础信任的是它们的本能。即使我们冲着狗狗大喊大叫，它也只是抖一抖身体，然后用不变的眼神看着我们，好像在说：唉，你现在怎么样了？一只狗能够一而再，再而三地迎接这样的挑战。

一些高度敏感的人在生活中总是感觉自己原本的样子不会被人接受，对于这些人来说，和动物的相处可以成为一种充满正能量的、带有成长性质的经历。养过狗狗的人都能体会到，它会一整天看着我们。狗狗不会让我们离开它的视线，哪怕是在它休息的时候。它们这样做是为了弄清楚我们过得好不好。如果伴侣或家人之间出现了矛盾和冲突，狗狗会挺身而出，安抚大家，因为狗狗在群居生活中追求的是安静与和谐。狗狗能知道我们过得好不好，并且会对此做出相应的反应——对于敏感的人来说，这是一种非常棒的反馈，它能让我们感到放松。这也是因为在狗狗"安静的"陪伴下，我们打开了情感的阀门，乐于向它们倾诉心声。它们不仅会倾听，而且不会做出评价或者把我们的秘密宣扬出去。还有，狗狗能让我们动起来，这既包括身体上的（我们需要带狗狗出去玩），也包括心理上的。当我们心情不好的时候，它们不让我们藏在自己安静的小屋子里，割断与外界的联系。因为，在带着狗狗散步时我们肯定会遇到人，哪怕我们试图避开别人。狗狗对人类心理的积极影响尤其可以在人们遇到困难时看出来。

和猫咪的交往就显得更加矛盾一些了，因为它们会在自己有需求的时候寻找主人，并且自主决定自己在什么时候接受什么，或拒绝什么。这就需要我们人类怀有一种自信的态度。因为猫咪虽然可以让我们安静下来，却很随心所欲。

此外，还有很多其他的动物会成为人类的朋友。狗狗和人的关系非常亲密，因为狗狗的祖先是狼，自带一种高度的社会性。一个物种的社会性程度越高，与人类进行交流的效果就越好。因此，我们会感觉自己和海豚、大象或者猴子很亲密。但是，它们都不太适合被当作宠物饲养。所以，大部分情况下我们还是选择养狗了……

动物不仅仅是我们的伙伴，我们还需要为它们负责任——不管我们有多爱它们，心里有多少浪漫的想象，我们始终应该清楚一点：它们不仅仅为我们的生活带来了正能量，也给我们带来了责任。是否养小动物是非常私人化的决定。重要的是，我们要清楚，动物在我们的生活中处于什么样的地位。与动物亲近有多种方式，不管是在自己家里养，还是带着孩子们一起去农场参观，或者在动物收容所里与它们接触。如果你的意愿非常强烈，那么你会知道该如何做的……

瑜伽

如果用凸透镜集中太阳的光线，就能够点燃木材。同样，瑜伽练习能够让精神集中，点燃怀疑和不确定的屏障，让真相之光照进内心。

——帕拉宏撒·尤迦南达（Paramahansa Yogananda）

瑜伽刚传播到西方的时候受到了所有评论家的反对。现在越来越多的人接受了瑜伽，那些认识了瑜伽本质的人，会从西方的精神世界走出来，发现一种不同的哲学，并且很快能够体验到一种使身体、心灵和精神变得和谐、强大的力量。但是，到底什么是瑜伽呢？首先，它是一种起源于印度的哲学思潮，而且有很多种不同的派别。有一些派别以注重哲学的传统瑜伽为基础，另外一些来源于侧重身体修行的哈他瑜伽（例如昆达利尼瑜伽、艾杨格瑜伽、串联瑜伽）。

很多人把瑜伽和一系列看起来非常复杂的身体修行联系起来。但是瑜伽的内容远比身体修行多，它由很多不同的要素构成：

· 体位（身体练习）
· 深度放松（挺尸式和瑜伽休息术）
· 集中注意力的技巧，也就是为冥想做的准备工作，例如调整呼吸或者把注意力集中在声音和物体上
· 冥想

关于哪些因素会产生什么样的影响，以及为什么瑜伽对于高度敏感者来说可以是一种福音，我和贝婷娜·托马斯也进行了交流。她在柏林附近的一家瑜伽工作室授课，负责培训瑜伽讲师。

什么是体位？

体位就是我们的身体在做练习时使用的姿势，在做这些动作时应该使身体感到舒适。采取的形式可以是消耗力气的拉伸或是某些不常用的姿势。基于这种深度的感知，我们的注意力也会集中在身体上。练习越复杂，我们的精神就能越快地得到休息。利用这些体位可以暂时放松精神。我们的思维会暂时被关闭，相应地感觉会被打开。在我们的头脑中，多任务模式被切换成单点式——把注意力集中到一个点上。在瑜伽中总是会有这么几个步骤：感官撤退、注意力集中、冥想以及与自己合二为一。体位可以帮助不安的人们快速集中注意力。如果带着不安直接坐下来或者躺下来，不安感会被加重，因为通过安静

的姿势，我们更能深刻地感受到不安的存在，以及它在不断加深。这并不是每个人都受得了的。体位就是为此而创造的，它可以让人由不安变得安静，逐渐在各个层面上感知自己的身体。瑜伽中最重要的体位是冥想坐姿。体位让人们的脊柱和身体保持直立，使人们能够长时间进行冥想。因为所有瑜伽的目标都是通过冥想更加接近真我——不受疾病、疼痛和弱点的影响。

深度放松时会发生什么？

深度放松也被称为挺尸式。在深度放松时只要平躺下来，放松身体就可以了。这是一种自我暗示。在瑜伽休息术中深度放松持续的时间不是 15 分钟，而是 45 分钟。身体逐渐得到放松。人们在瑜伽老师的带领下逐渐一点一点放松身体的每一个部位。以这种方式把注意力逐渐集中在身体的每个部位，持续 45 分钟。做过的人都知道，要经过很长一段时间，人才会想要重新活动身体，从放松的状态中走出来，走进日常生活的琐事当中去。

瑜伽讲求的是集中注意力，体验冥想的时刻。那么有哪些技巧可以帮助人们达到冥想的状态呢？

呼吸是集中精神，凝聚注意力的好方法。呼吸可以消除障碍，让身体变得柔软。瑜伽的基本理念是，身体会对心灵、精神产生影响。当身体变得柔软了，内心也会变得柔软。

可以选择一些物体作为集中注意力的手段，例如一支蜡烛或者一片美丽的风景。它们会起一种过滤的作用——非高度敏感的人本来就已经有这种过滤器了。在人们集中注意力时，周围的世界就会变得安静甚至无法被感知到了。我们应该学习集中注意力。它不仅能在冥想中起作用，而且还会在冥想之外，也就是我们的生活中起作用。这样，我们就可以给自己创造一个过滤器了。

不动观察（Nispanda Bhava）是一种技巧，我们可以利用一些平时会分散我们注意力的因素来达到深度的集中注意力的状态。在实践过程中，我们可以利用重复出现的声音，例如鸟儿的鸣叫声或者伴侣打呼噜的声音，来让我们集中注意力。这需要一些练习。但是这样做可以把平时对我们造成困扰的因素变成注意力集中的对象，它们能够让我们的思想安静下来，带我们进入冥想的状态。因为当注意力高度集中时，我们就会达到冥想的状态。瑜伽是通往真我的道路，目的是了解、认识自己。

让我们建立起通往高度敏感性的桥梁——为什么推荐高度敏感者练习瑜伽？

当高度敏感的人练习瑜伽时，他们能够在集中注意力、冥想和与自我交流的过程中认识到自己的特点。瑜伽能够让我们更加清楚地认识自我。瑜伽教会我们谨慎评价，对新事物保持一颗开放的心，尤其是对自己内心的经历。

在练习瑜伽的过程中，人们会变得越来越接受自我。人们越接近自己本心，就越能更好地让外在的东西适应自己的需要。实际上这里要做的事和我们平时所做的恰恰相反。我们生活在一个社会中，我们要让自己适应这个社会。我们如果经常练习瑜伽，就不必需要费力地适应环境，而是能做到让环境变得适宜生存。把注意力从缺点上转移到优势上——那些早就存在着的，却极少被意识到的优势。有了这些优势，我们就能影响世界了。我们曾苦于这个世界的快节奏和多任务化，现在却可以带给这个世界深度、沉思、创造性、精确和反思了。那些和别人感觉不一样并因此而绝望的人们可以通过练习瑜伽感受自己的本质，重新获得力量。这也是所有瑜伽技巧的共同点。

瑜伽是行动上的冥想。讲的是感受和谨慎评价。要做的是将自己和世界万物合二为一。

瑜伽也可以通过认识自我、感知自我，来帮助人们增强自我价值感。这会逐渐减少我们感受到的不安。有了较强的自我价值感，内心的孤独感也会逐渐减少。我们也不再怀疑自己了。由"不要忍辱负重"的信条产生出一种神奇的新发现，也就是意识到我们拥有比别人更强的感知能力，并且享受这个事实。

在练习瑜伽的过程中，我们深入自己的内心世界，为的是以后重新走出来，走到外面的世界中去。

在访问结束时，贝婷娜·托马斯和我又聊到了一个有意思的话题，我用一句话总结一下就是："思想还是感觉——这是问题的关键。"贝婷娜·托马斯说：

重要的是认识自我，加深对自我的了解，这样才能在和这个世界交往的过程中善待自己和他人。西方世界的人们也会思考这类问题，也会退却，然后再走上征程——带着他通过思考得出的结论，并且试图付诸实践。这是一种找到真我的重要而正确的方法。瑜伽试图在另外一个层面上让人们认识自我——

让人们倾听自我的声音，看一下在那里会发现什么。这个过程依靠的不是思想，而是感觉。冥想的目的是让思维的世界安静下来，进而打开通往感觉的大门。从反应中出来，这样思想才能得到休息。因为这样我们才能更深刻地感知自我。从这个意识中出来之后，我们就可以再次回到思考中去，带着清晰的策略去行动。这个策略是人们自由选择的。

让人变得强韧的因素：什么让我变得强韧 _____

—
8
—

高度敏感者的生活艺术
——如何让敏感的人变得强韧

在为这本书搜集资料的过程中，我认识了很多非常优秀的高度敏感者。他们全都具备高度敏感的知觉，以及积极的价值观，例如公平正义、尊重他人、待人友善等。他们拥有强大的移情能力、准确的直觉。对于大多数人来说，他们的特点之所以有些"特殊"，只是因为他们在以一种不同于其他人的方式感知这个世界以及他们周围的人。对于我们来说，我们的存在方式、感觉方式以及思考方式只不过是我们生活中很平常的一部分，一种我们经常使用的潜力。有些人在无意识地利用自己的能力和优势，另外一些人则刻意为之；有一些人还在寻找自我以及自身优势，另一些人则已经走过了痛苦的旅程。在关于高度敏感性这个现象的讨论中，经常会出现"挑战"这个词。那些关注点集中在挑战上的人更容易想到这个词。

现在是时候把我们的焦点放在优势上，并且向公众公布：高度敏感的人尽管具有高度敏感性，但也恰恰因此具有一种巨大的潜能，能够承担责任，做出成就。

根据所处的生活和艺术阶段，到目前为止我遇到的高度敏感者大致可以分为三类：负重者、寻找意义者以及表演者。但是，不管我们目前处于哪一个阶段，有一点是不能忘记的：我们所有人都处在变化和发展的过程中，带着自己的任务成长，哪怕自身体会不到这一点。我坚信，每一个负重者的心里都住着一个表演者，并且渴望挖掘出自身的潜力；同样，一些寻找意义者在某些情况下还承受着重负，却在另外一些情况下变成了一个表演者；也有一些表演者，他们会突然身处一种承受重负的情况下，必须学习如何应对这种情况。

对于年轻人，我想说：一切都会好起来的，未来的每一天都会给我们带来过去三年中我们曾经想要的经历、成熟、疗愈以及决断力。而对于上了年纪的人，我想说：重新开始，重新定位，向生活吐露心声，永远都不算晚。在这里我们说的不是让大家去跟从那种"一切皆有可能"的励志颂歌。就我个人而言，这类励志的颂歌反而会让我感到很大的压力，它们对我的作用更多是破坏性而非建设性的。所以这两句话的重点是，与自己取得联系，为自己设定符合自身价值观以及生活状态的目标，之后要有耐心，一步一步地实现它们，而且要相信我们能够实现目标。生活不是直线前进的，而是以周期的形式向前发展的。让我们参与其中，对生活赋予我们的大大小小的挑战和惊喜充满期待吧。

负重者

　　高度敏感的负重者经常会觉得，与其说生活中的挑战是一种乐趣，还不如说它们让人沮丧。面对生活中数不清的刺激和感觉，他们觉得失去了自决能力。他们并不是讨人厌的爱发牢骚的人，从本质上来说他们也不喜欢发牢骚。但是他们有这种需求，想要针对充满挑战的生活发表一下自己的意见也是合情合理的。这类高度敏感者在生活中由于自己敏感的知觉而遇到挑战，大多数时候他们可以做出一些让人出乎意料的成就。他们也拥有非凡的忍耐力、承受力以及重新振作起来的能力。很多人并不了解自己的高度敏感性，他们通常并没有对自己的特点或者说优势进行过反思。或许他们缺少真正的理论，不清楚如何才能在日常生活中好好地为自己着想。当他们意识到自己属于高度敏感的人时，他们也因缺乏力量或者看不到可能性，无法为自己创造一种更有利的环境。如果遭受创伤后，不进行消化加工，同样的情况也会逐渐产生。身体和心灵上的问题会表现出来，并且变得严重——这是一个恶性循环。

　　但是，当大多数高度敏感者感受到周围环境、自己的心理状态以及身体上的问题给自己带来很大挑战时，他们也会在内心产生一种既温柔又强韧的力量。生活时好时坏。有些人可能会遇到这样的情况——他们会在这种情况下想："唉，如果我能离开这里该有多好啊！那么我就能安静一下了。"可实际上哪怕是那些承受重负的高度敏感者也不会厌世，不会放弃治愈自己以及寻找自己在生活中的位置。

寻找意义者

寻找意义者希望改变生活，他们不再把注意力放在高度敏感的知觉带来的挑战上，而是放在他们的优势以及潜能上。他们寻找新的生活道路，希望重新开始，减少工作时间，获得新的工作，让自己独立或者具有使命感。他们会从文学和互联网中寻找灵感，为了丰富自身经历和经验去和其他人交谈。因为他们想要更好地理解自己和这个世界，重新积极地评价自己的故事，所以他们对自己以及周围的环境进行了深刻的反思。他们承担责任，不断更加有意识地去生活，在时机成熟时，有所察觉，并进一步追求自己的使命，学会善待自己和他人。他们中的一些人也许也曾经承受过生活的重负，却凭借对高度敏感性的认识或其他启发一步一步开辟了新的道路，并且开始改变自己的生活。

他们努力接受自己的"不一样"，并做出改变。旧的关系消失了，新的同伴走进他们的生活。我和很多高度敏感的寻找意义者交谈过，对于他们来说，认识到自己的高度敏感性是走出自我怀疑之路的一个重要的里程碑。

表演者

表演者的生活安排是在高度敏感性的影响下进行。他们了解自己的挑战，他们的力量源泉在生活中有一个固定的位置。他们有强韧的精神，会对自己的情感进行反思，对自己的性格有全面的了解。

他们学会了积极对待自己高度敏感的知觉，带着优点生活。他们表现得非常主动、自信，觉得自己与众不同是一件很平常的事。针对高度敏感性这个话题，他们的态度更多的是谨慎而自信的。他们也会进行自我反思——同样也有潜力和远见。他们采取的策略是：首先建立信任，强化自己的地位，然后越来越多地展示自己。这是合情合理的，因为"高度敏感性"这个概念还很新潮，不久前我们才了解到，15%~20%的人会比其他人更加敏感。首先"敏感性"这一概念在男性中还没有很流行，还像以前一样被很多人视为缺点。但是转变已经开始了。在不久的将来，敏感的人便不再需要穿着隐身衣在这个社会上活动了。是时候向大家展示自己，有目的地使用自己的潜力和资源为社会做出贡献了。

我和很多高度敏感的表演者进行过交谈，对于他们来说，最重要的不是了解高度敏感性，而是对他们自己的优势以及需求进行处理和关注。然而对于高度敏感的表演者们来说，当他们听到高度敏感性这种现象时，或多或少也会产生一个啊哈效应。他们曾对许多情况以及矛盾迷惑不解，现在茅塞顿开了。另外，这个认识也提供了一些主张，有了这些主张，人们就能更好地应对那些挑战了。这一认识还可以让高度敏感的表演者更加有意识地反思自己的潜力，更有目的性地使用它们。

高度敏感的表演者能够认同高度敏感的概念，但是却不把自己定义为高度敏感者。

这也很好理解，因为他们即使不了解高度敏感性这个概念，生活中的乐趣也会比沮丧多。和我进行过谈话的人很早就接受了自己的与众不同。他们不仅仅知道自己的力量源泉在哪里，并且能够好好利用它们。为什么高度敏感的表演者能够在对高度敏感性这个话题没有了解的前提下早早、积极地处理自己的潜能？其中的原因，我们也只能猜测了：或许他们小时候的生活环境对他们的成长有促进作用，或者他们在成长的过程得到了很多自由和空间？他们的父母也觉得他们的与众不同非常自然？如果高度敏感的人很早就能找到一些问题的答案（也就是这些涉及对世界的看法的颇具概括性和全面性的问题），那么这是否属于他们的优势呢？早期经历过的"危机"，良好的指导者或者治疗师，让他们变得强韧的方法、途径，会不会成为他们变得强韧的道路上的里程碑？

对于未来几年中研究会得出什么样的结论，以及高度敏感者会有什么样的经历和经验，我真的很想知道。事实是，对高度敏感性的认识加上高度敏感的表演者的经历为我们提供了很多启发，鼓起勇气发扬自己的优点，哪怕生活中有那么多挑战。因为我们主张的是接受自己的与众不同，在生活中反思，发扬优势，和自己以及他人保持良好的联系。埃莱娜和托马斯的故事也告诉了我们这个道理：

我把我的注意力集中在生活中积极的事情上。

第一个故事来自埃莱娜（38岁）。她有一个儿子，有固定的伴侣，经济独立。可她的工作地点却总是在变：有时候她在家里工作，有时候会出差做项目。她很爱自己的工作，也很乐于自由安排自己的工作：

我在青少年时期就知道了，我和别人不太一样，我对外界的刺激更加敏感，这种了解相对还是比较早的。那次是因为我患了焦虑症。我感到非常害怕，于是去接受治疗。我在那了解到，我可以采取一些方法集中注意力，不再关注那些困扰我的刺激，这样我就可以有选择性地感知——这本来是应对耳鸣的一种策略。我知道它的存在，但是它不会影响我……

总体来说，我会把我的注意力集中在积极的事情，而非那些困扰我的事情上。如果行不通，我就会尝试这样想：它们很快就会过去的。困扰我、给我带来压力的经常是一些暂时性的刺激。就像我接受了我的耳朵里会有噪音一样，我也接受了我的高度敏感性。几个月之前参加社交活动时，我才知道它还有一个属于自己的名字。然后我也去做了高度敏感性测试，得出的结果非常明确。但是，很多高度敏感的人觉得自己的感觉是一种负担，这一点我不能理解。我很享受敏感的知觉，而且也会把它们应用到我的工作中去。我可以认同高度敏感性这个概念，但是像以前一样，我不会对自己下定义。我是自己的主人，也是自己的感官的主人。这样，我又重新开始：把注意力集中到好事上，一步一步向前走。

例如，多任务化对于我来说是一种真正的压力来源。我一次只能做一件事。重要的是，要搞清楚到底什么会让你感到压力。然后你就可以相应地安排自己的生活了——把生活安排得有利于自己的发展。在城市狂欢节上和游乐场里，你是永远都不会看到我的身影的。还有，我也不会去电影院。当我舒适地窝在沙发上，品着红酒，安静地看电影时，我会感觉很幸福。为那些让自己感到压力倍增的事情花钱，我觉得是一件没有意义的事。但是有一个例外：音乐会。我总是对音乐会很有热情，尽管我有耳鸣的问题。

尽管我小时候偶尔会遇到疯狂的事，但是总体来说还算幸福。我的妈妈是一个情感丰富的人，并且拥有极高的自我价值感。有时候她会特别活跃，也有时候她会一睡一整天。我的爸爸给了我很多自由空间，他是我强大的后盾。他是那种会一边说出"生活是最艰难的事之一"一类的话，一边捧腹大笑的人。这种成长环境影响了我，让我有一种轻松感，使我觉得"很多经历并不会很快就让一个人完蛋"。

每次谈到我感兴趣的价值以及话题时，我都显得格外老成。我经常觉得我比同龄人反思得更多。目前我对老年人的智慧很感兴趣——我觉得这很有吸引力，很有意思。

埃莱娜，38 岁

我们期待从别人那里得到的尊重，就要先尊重自己……

下面这个故事的讲述者托马斯·盖尔米（47 岁），真的经历了一次非常紧张刺激的职场转变，现在他的工作是训练师和导师。他的专业领域是：培养在领导、合作以及顾客沟通领域发展自我和人际关系的能力。他的顾客中有很多人来自国际知名企业，他能够用四种语言为他们提供辅导。他已婚，有两个孩子，目前生活在瑞士。

当我还是孩子时，我经常感觉自己没有归属感。我的潜意识里经常有这种异样感。我只是不知道具体的细节。我在学校里不是那种会挑起事端的人，而是那种看见彪悍的男生就躲得远远的人。

家人认为我是过分敏感的人。我经常听到妈妈对我说："不要这么敏感。"尽管如此，她并没有把期望强加于我——告诉我我必须成为一个"男子汉"。我周围的人也觉得我与众不同。由于这种经历，很长时间以来我都把自己的与众不同理解为一件消极的事——好像事情原本不应该是这样的。在今天的我看来，我的父母都属于高度敏感的人。我的妈妈具有很强的移情能力，很容易流泪。要是受到了赞扬，她会立刻热泪盈眶。我爸爸的感官非常敏感。听觉上的刺激很容易让他感到压力。因此，在我的记忆中他总是很紧张，时刻都处于受刺激的状态，吃饭时餐具的撞击声都能让他紧张起来。

在学习方面，我偏科的情况很严重。所有和语言有关系的科目我都学得很好，现在我在工作中也需要熟练使用四种语言，而数学和逻辑学我则学得不好。在完成中小学的学业之后，我就进入了商业学校学习，然后参加高中毕业考试。我的爸爸希望我去银行工作，有一个稳定的工作，可是我在一年之后终于搞明白了一件事：我不想这样。我必须得做点其他的事。在几天之内我就做出了决定：我要做理发师。我把这个决定告诉父母，中断了学校的学习，找到了一个招收学徒的地方。因为我想与人共事，利用我的创造力，从事具有美感的工作。这让我很快乐，我在这里发现了自己的天赋并且继续成长了一步：倾听。人们对我的信任甚至超过了对他们的伴侣。现在，我特别感谢我的父母，他们给了我自由选择的空间，而不是强迫我做事。他们总是说，我必须自己决定，什么对我才是最好的。

在学徒期结束之后，我感觉还不行。我还没有真正做好选择职业的准备。我总是冥思苦想，并且问自己："其他人是怎么做的？"我总是有360度的视角，关于我能够做什么，总是有很多兴趣和想法。如果你让我从周一到周五，朝九晚五地固定工作，你会看到我是怎么死掉的……总体来说，后来我的履历是这样的：

- 在一家出版社负责广告招商，之后在一家大的贸易公司负责纸张的电话销售——这也是我生平第一次做领导。我在4年之内把团队规模从7人扩展到40人，通过人际、交流、快乐等因素实现非常成功的领导。但是我早期也犯过这样的错误，体会到了所谓的"想要受人欢迎，做事尽善尽美，最后必然在领导方面出错"。这是一段很好的经历。那时候我对硬性销售缺少认同，所以需要重新定位自己。
- 经过一段短暂的迷茫，我想找到一个让我感到舒服并且发挥我的长处的工作。
- 马戏团的新闻发言人：生活在房车里，做着重体力劳动以及媒体工作，这样的生活我过了两年。学习效果：做重体力劳动也有好处——它扩展了我的舒适范围。

接下来就是我理想的工作了，我终于能在这份工作中发挥自己的交际能力和移情能力了。我在瑞士航空公司看到了一个招聘广告，他们要招聘空中乘务员。这真是让人眼前一亮。我提交了申请，得到了这份工作，在那里总共工作了7年。其中有3年我的工作是乘务长——总体负责乘客安全，机上服务，以及乘务人员、地面工作人员、飞行员和顾客之间的沟通问题。

　　由于我的清醒冷静，我成功地完成了工作，并且充分利用了我掌握的语言知识。尤其让我感到兴奋的是，我能够在这么大的飞机中领导团队，而且每次飞行时，这个团队的组成人员都会发生变化。这个工作需要很强的团队组织能力和沟通能力，因为你会和300人一起置身于10 000米高空中的一个非自然的密闭空间里。这里形成了一个特有的生态环境，人们必须要小心谨慎：我周围发生了什么？我的情况怎么样，其他人呢？要早早地了解哪里有潜在的矛盾、危险和问题。不论是有人失去控制，在厕所抽烟，突发急病，甚至是生孩子了，我们都要快速找出解决方案，照顾到所有人的情绪和关系。我们不会得到任何外部帮助。让矛盾和问题降温是关键词。

　　2001年瑞士航空公司发生经济危机，这对我造成了巨大的个人损失。尽管我原本可以留下来（和很多不得不离开的同事相反），因为马上又有一家新的公司成立了，但我还是拒绝了。因为那时候我的内心有一个声音告诉我："现在是时候告一段落，开始一段新的生活了。"

　　在接下来的8年中，我从一家小型咨询公司的主管助理做到了执行经理，同时还不断深造，拿到了训练师培训、导师培训、国家认证的管理专业人才以及经理证书。这段时间我曾经和一位非常特别的上司一起工作。他在合作中占主导地位，要求很高，却不太擅长处理人际关系。在7年之后他结婚了；之后过了一年我被辞退了，因为他的妻子看中了我的职位。就从这个时候起，我开始做自由职业者。

现在回想起来，有两件事在当时看似不幸，但在事后看来幸运极了——瑞士航空公司的破产以及工作8年之后被辞退。如果没有这两件事，我就不会是现在的我。为了个人成长、学习、进步，我们必须离开那个让我们感到舒适的环境。回顾我的成长之路，大跨度的进步都是被迫做出的，如果仅凭自己的意愿做事，我是没法到达这里的。在那些困难的日子里，生活好像想要跟我说："现在该做些什么了！"现在我已经独立工作5年了，目前研究的是"人际交往能力"这个主题，也就是提升自我与人际关系的能力。根据我的理解，这是一种让自己感到安全并从容、快速建立稳固的关系，即便在比较困难的情况下，也能维持其中的关系的能力。

这里讲的是与自己和他人保持真正的联系。这就是我现在研究的问题。只有和自己保持良好的关系时，我才能领导其他人，和他们很好地合作，和顾客保持真正可靠的联系。

那么这些跟我的高度敏感性有什么关系呢？我觉得自己有移情能力，感官也高度灵敏。其他人的心情如何我也能很快感觉到。当我进入一个房间，我马上就能知道，里面的人们相处得怎么样。情感上的各种因素都逃不过我的感觉。感官呢？我在这方面和我的爸爸一样，也非常敏感，尤其是在那些人满为患的地方。我发现，我很快就变得难以忍受，比大多数人更快感到刺激过度。我必须出去静一下，只有独处时才能恢复精力。关于独处这件事，我还从来没有过问题。但是在此期间我必须学会认识并接受自己的需求，为之努力，给自己时间，就这件事和身边的人进行沟通。

20 岁时我就开始冥想了。我也主持过一段时间的自生训练课程。对于我来说重要的不仅仅是外部的安静，还有内心的宁静。我说的不仅仅是每天早上或者晚上做的冥想训练，还包括在感到"非常吵"时，为自己创造一种平衡。当我的日程被安排得满满当当时，对我来说重要的是保持平衡，而非走向另外一个极端。当我频繁出差，面临很多任务，需要在一个月之内前往很多不同的国家时，我也会增加冥想的时间。在我相对空闲的时候，我则会认真做好每天要做的事，有意识地给自己安排一些休息时间，在那些我不得不做的事和我的内心世界之间创造一些距离。

小心谨慎地开车对于我来说非常有用。这个时候我好像在一个蚕茧里面。我不会在车里播放音乐（开车时候车里总是安安静静的），也不会在开车的同时思考问题。这时候重要的是专注，对内部和外部都需要全方位地留意。我的双腿该做些什么，后视镜、侧视镜里面发生了什么，什么时候该换挡，路边有什么样的路标……我在路上开车的时候，是我注意力最集中、最平衡的时期。此时我很少能像在火车上或者长途飞机上那样发挥出创造性。在火车或长途飞机上，我会戴好耳塞完全把注意力集中在任务上。所处地点的不断变化使我的思想也活跃起来。我甚至会在处理一篇文章或者一个概念遇到瓶颈时特意去坐火车。往往坐了两个小时之后，在下车时，我就已经有答案了。

高度敏感性这个话题是我两年前才开始接触的。那时候我恍然大悟，突然间明白了一切。啊，我身上并没有什么问题。这也让我的妻子如释重负，因为她明白了，我时不时地需要独处，并不是因为她有什么过错，而是因为我自己的原因。话题又回到了自我能力。和自己保持良好的沟通，感知自己的需求，是我的责任，只有这样我才能和其他人保持良好的沟通和对话。

这样，就好像自己成了自己最好的朋友。当我意识到，如果一个朋友提出了某种需求，我便会帮助他满足他的需求，那么为什么我不能这样对待自己呢？就是简单地倾听自己内心的声音，看一看自己需要什么，认真对待自己的需求，相应地做出行动。这跟利己主义没关系，而是善待自己。做自己的朋友意味着为自己的利益着想，告诉外人自己需要什么。为了保证人际关系正常发展，这样做是很重要的。这并不意味着一定要讨论高度敏感性这个话题，而是诚实地交流，例如，我需要休息一会儿，想要在附近散散步。或者，晚上散会之后当你被人问到，是否要和他们一起去吃饭时，你需要做的是明确自己的需求，并不需要产生必须要为自己辩护的感觉，就是要干脆利落地告诉他们："不了，谢谢，我还有别的计划。"

自我安全感来自自我信任，而自我信任来自自我意识。

我的旅程还在继续。目前我正在重新给自己定位，我现在知道了：我会走在一条略显极端的路上。当然还会有这个问题：我想要这样做吗？我准备好去面对其他人的批评了吗？但是我内心的驱动力告诉我："是的！"因为我想不再受制于其他人的评判。当人们不再受到他人评判的影响时，他才是真的自由了。我们期待从别人那里得到尊重，就要先尊重自己。这是我们最大的任务，不论我们是否属于高度敏感者。我们没有学过这个。我们学习的是如何让自己做出更大的成就。但是我们也可以拍拍自己的肩膀，告诉自己：你这样做自己就很好了。

我的工作是训练师和导师，需要经常出差。但是对于我来说真正重要的是，帮助其他人，让他们充满激情和能量，快乐地做自己——无论是在工作中，还是在家庭中。因为个人生活和职业是不能分离的。

当我十五六岁时，我希望有人能和我一起坐下来帮我看看：什么能让我快乐？我能做好什么？我当时希望有人能跟我一起坐下来，拉着我的手，跟我一起分析我的长处和优点是什么，就好像现在我在工作中做的事一样。

在此期间，我有意识地利用我的高度敏感性，把它当作一种资源。我高度的移情能力以及同情心让我能够成为现在的我——能胜任一对一的辅导或者团体辅导。在工作中对于我来说最重要的是，要使对内和对外的注意力保持平衡。不管是对外还是对内都要小心谨慎，要把二者联系起来，要和自己保持交流，也要和顾客保持交流。在我了解到自己的高度敏感性之前我就可以做到这一点了，但是现在我会更加有意识地把它当作一种资源并好好利用。

如果没有安静的环境和冥想，我的注意力不会这么集中。当我的心态不平和时，我便很难保持流畅的思绪或者放空自己。注意力会过度地集中在某一方面上——要么是顾客身上，要么是我自己身上。二者都会影响我的工作。因此重要的是，要发展这种自我能力，因为只有在一种发展得很好的自我能力的基础上，才能产生一种真正的、持续的交际能力。

结论

1.是的，优势也是一种态度问题。虽然我们不能用魔法的力量获得正确的态度，但是我们可以做出决定，也就是决定把注意力立刻放到自己的潜力和优势上。请你做好准备，踏上发展的探险之旅。请你接受自己的感知方式，相信自己，给自己的生活一个微笑。因为重要的是经历这个世界，把我们的经历进行加工消化。还有，当事情进行得不顺利时，原谅自己和他人。因为这会让我们成长，扩展我们的舒适范围。我们能借此机会学习集中注意力，让内心变得强韧，一步一步地享受我们的高度敏感性。

2.在日常生活中，为了个人成长，我们需要力量。因此，把所有能让我们变得强韧的因素都融入我们的生活中去，就显得尤为重要。你了解那些能让你变得强韧的因素吗？你知道你可以以何种方式、在哪里、和谁在一起获得力量吗？你需要什么事物来让自己过得更好，让自己能够时常充电？

3.请沮丧走开，请生活的乐趣快快到来！不论此刻你把高度敏感性看作是一种负担或者你正处在寻找意义的路上，请你行动起来，开始过一种敏感又强韧的生活。因为这世上存在一些既敏感又强韧的高度敏感者，他们会利用自己的优势，关注自己的需求，是真正的成就贡献者。他们的策略是：在高度敏感性的概念中找到自我，但不对自己的特殊感知能力下定义。他们会接受自己原本的样子，非常坚定地走自己的道路。你呢？你的旅途通往何方？

灯塔：敏感而强韧的宣言

八个敏感而强韧的命题

> 忘掉安全。在你感到害怕的地方生活。
>
> 毁掉你的名声。做一个声名狼藉的人。
>
> ——鲁米

1. 高度敏感性是一种宝贵的感觉天赋。

2. 高度敏感者是世界的一部分——像所有其他的部分一样。

3. 高度敏感者是人类边界值的探测器。

4. 高度敏感者在索取的时候敏感，在付出的时候强韧。

5. 高度敏感者是深刻的、社会性的、富有责任感的人。

6. 承认自己的需求，使高度敏感者能够真正带着自己的优势去生活。

7. 带着梦想生活的高度敏感者给了人类的幻想一个机会。

8. 高度敏感性是一种优势。

与众不同并不是一种负担。它产生了差异性，是造物者的礼物。因此，不要再自我怀疑了，承担起自己的责任！让我们开始关注自己的需求。

是时候换种生活方式了，不要再乖乖听话了。

是时候把时间给自己的（高度）敏感性和移情能力了。

是时候放弃过多的欲望，允许自己做更多的事情。是时候借助我们敏感的感官，就这个时代中重要的话题表达自己的看法了，让大众对世界的平衡产生敏感的感知。

来自动物世界的灵感

为什么每一种感知能力都如此重要呢？我们可以通过动物世界很好地观察到。马克斯·普朗克鸟类学研究所所长，康斯坦茨大学教授马丁·威克尔斯基（Martin Wikelski）博士通过人造卫星来观察被植入了芯片的鸟类，希望弄清楚它们能否预测类似火山爆发和地震之类的自然灾害。目前以马丁·威克尔斯基为首的科学家团队在观察西西里岛埃特纳火山地区的山羊，它们能够提前6个小时"预告"这座活火山的喷发。

马丁·威克尔斯基向我证实，哪怕是在动物中，也存在一些会对某些刺激产生更加强烈或者特别敏感的反应的个体。受到这个研究的启发，马丁·威克尔斯基展开了国际太空动物研究合作（ICARUS）项目的研究，他想要通过这个项目改变人类对地球上的生命的认识。研究者们在寻找与动物世界中个体存活有关的问题的答案。他们的目标是，在动物的普遍行为中解码它们的智慧。在动物世界中，行为生物学并不会提到高度敏感性。目前这些科学家还不知道，动物的信息是如何生成的。他们的假设是：总体来说，与独居的动物相比，群居的动物感知的信息更多。如果我们把这个结论应用到人类身上，那么答案便是：

不论人们拥有什么样的天赋和才能，他们对于集体来说都是重要的，并且会保障我们的生存！

这对我们的启发是：有一些人对某种刺激反应更加激烈，而这对于我们这个物种的存活至关重要、意义非凡。更有意义的是，我们应该认可自身的高度敏感性，并努力融入这个社会中。为什么呢？因为这样我们就能对完善这个集体的智慧做出我们的贡献，甚至在必要的时候拯救全人类，保障我们的生存空间。

经济以及意识的转变

社会心理的健康是新时代的蒸汽机。

——赖马尔·林根

那些终其一生都在朝九晚五地工作的人们都经历了什么：周复一周，月复一月，年复一年地做着僵化的、早已被布置好的任务。没有自己做决定的空间，很少休息，缺乏灵活性、尊重和友好。这种理性化了的结构，完全不顾及个体的节奏和需求，它们会对人的创造性、动机、生产力、满意度以及健康产生何种影响？它们能起到促进作用吗？有些人能够很好地适应这种体系。可高度敏感者很快就能明白：这种日程安排简直是毒药。

什么能促使我们发挥出最佳水平？我们什么时候能开开心心的？是在工作中发挥出全部的潜力，并且积极参与其中时？还是在被迫做着早就预设好的事情的时候？受命于人和压力让人生病，不管是对个人还是对集体都没有好处。自决和自由能够带来完整和顺遂。幸福的、充满力量的人能够对自己负责，让自己的能力有用武之地，他们才是真正拉动社会进步和经济发展的马车。他们具有革新精神，对人类的未来有新的创意。总而言之，不要惧怕与众不同，不要惧怕丰富多彩的生活，不要惧怕成为直觉很强、感情丰富的人！

在和心理学家以及高度敏感性专家布尔吉特·特拉普曼-科尔（Birgit Trappmann-Korr）的对话中，我了解到，治疗师、医疗保险公司以及各个企业都发出了警报：越来越多的人（其中不乏年轻人和非高度敏感人士）由于精疲力竭，被上司刁难，遭遇工作瓶颈或者心理疾病而变得难以继续工作了。这一现象非常普遍，导致现在很多治疗师以及诊所都在研究新的话题，例如高度敏感性。在这位过度敏感和移情能力协会（VSEB）主席的办公桌上已经摆满了来自多家知名医疗机构的邀请函，他们希望她能应邀开展面向医生和治疗师的、关乎高度敏感性这一话题的报告和继续教育课程。谈到经济问题，布尔吉特·特拉普曼-科尔说："我们需要一套不同的管理体系。需要在企业中进行文化改革。全新的理念才是高度敏感者能够在经济上和工作中发挥自己的全部潜力的前提。仅仅呼吁'请雇佣高度敏感者'是远远不够的。"

"感觉良好"的管理理念是使情况好转的第一个概念。从长远的角度考虑，在企业中设置高度敏感的顾问是很有必要的。顾问的任务是让工作生活变得更加人性化，预防员工出现精疲力竭的现象，让他们在面对一些乏味的事情时变得强韧，具体的做法有：设置休息室，让员工自行决定休息时间、自由活动的方式以及正念训练等。现在的员工有了各种多元化的需求，年龄稍长一些的老板们可能会觉得难以处理。经济界开始接受弹性的工作时间、工作岗位分配，在家办公以及其他的理念了。高度敏感者可以为企业中属于不同年代、具有不同动机的人们担当沟通的桥梁。直觉灵敏和感情丰富对经济的发展有好处。那些拥有更多体会和经历的人并不是失败者，而是革新者，他们有能力重塑自己，找到解决内部发展和外部发展问题的方案。

信息：我们应该避免耗尽资源，努力着手发掘人们的潜能！

博多·詹森（Bodo Janssen），具有革新精神的企业家，连锁酒店阿普斯达尔布姆（Upstalsboom）的负责人，是很多管理者的榜样。因为他选择的道路是为大家创造更多的人性化体验，改善企业文化。在名为《阿普斯达尔布姆之路》的短片中，他说道："这种避免耗尽资源、转而开发潜能的范例将会为我们开启一个新的空间，我们还不能预测它到底有多大。"这位酒店业的领导者知道自己在说些什么。因为 3 年后他对企业进行了彻底的改革，为所有员工提供修道院课程以及幸福企业进修课程，企业的销售额几乎翻倍。他的结论是："尊重会产生全方位的价值。"

科学以及真理

在科学界和研究界有很多观点对于大多数人来说是适用并被认

可的，但这并不代表一切，因为毕竟世界上不存在绝对的对与错，也没有一个终极的科学真理。这个世界有的是客观的知识和规律，它们能帮助我们找到共同点，这样我们就能共同生活，安排自己的生活——这样是有益、重要并且正确的。然而，在这些"普遍适用的"知识之中也会产生一些启发，它们可能对大多数人有帮助，却会给其他人造成损失。因为每个人在生活中都有属于自己的个性、故事、能力、天赋以及体质。每个人都有属于自己的真理，不管他意识到了没有。所以，在这方面既没有客观性，也没有能够保证让所有人获得健康和幸福的万能药。幸福研究的创始人埃德·迪耶内和马丁·塞利格曼（Martin Seligman）认为，幸福不是一种我们能够保持一生的状态。幸福存在于生活的小细节中。我们可以改变那些容易改变的事，给自己一些东西，例如，运动——每天几分钟就够了。或者我们可以经常去户外。环境越好，人就会觉得越幸福。我们可以微笑，和家人以及朋友共度美好时光，祈祷、冥想、感知，或者就是简单地放松身心，安静地倾听。做敏感的人，倾听自己敏感的一面。

我们的智慧

我们得再次学习如何倾听自己内心的声音。我相信，每个人内心都有一个声音。它会告诉我们，哪一条路是正确的选择。我们还需要学习如何认识自己身体发出的信号，认真对待自己的需求，正确解释自己的感情。如果不这么做，我们就总是会在路上遇到绊脚石——刚开始时是小的绊脚石，以后会是大的。直到有一天我们会站在一座大山前面——我们需要去攀登它的悬崖峭壁。这一刻对于有些人来说会到来得早一些，而对另外一些人来说则晚一些。我们可以选择是在绊脚石还小的时候就去感知它们，还是当我们面前竖起一座满是悬崖峭壁的大山时才去注意它，我们可能已经精疲力竭了，但还是需要克服困难。我们可以感谢我们的身体和情感，因为它们可以站在我们的立场，帮助我们分别善恶是非。高度敏感的人是有优势的，他们能够比其他人更快更清楚地感受到所有信号。当我们倾听内心的声音，打开自己的心扉之后，我们很快就能知道，自己身处何种境况。当我们感到快乐，充满力量地开始工作，感到内心的大门敞开着，而不是关闭着时，我们就是正确的。

可能我们在努力完成自己的使命，却发现大门明显关闭了。此时最重要的是，要接受内心的"不"，并且学会向外界表达出这个"不"。在必要的时候舍弃负罪感，哪怕存在着发生冲突的可能性，我们也要和那些对我们有害的人和事保持距离，只有这样我们才能清楚地看到前行之路。这需要我们做好冒险的准备，敢于踏上陌生的地带，建立新的网络，走向人群——这对于很多高度敏感的人来说是一个巨大的挑战。但是，如果在我们开始一步一步地前进时，身边有令我们感到舒服的人相伴，有正确的策略和方法，有理智和情感，那么我们会对自己的进步感到吃惊。因为当我们回头看时，我们就会意识到，我们已经走过了多远的路，我们已经完成了什么。同时我们还会感受到自己强烈的塑造生活的愿望以及做对了事情的良好感觉。

我们在回顾过去时，经常会发现，如果我们不让自己受限于舒适的区域，而是向前迈出一步，我们的有效活动半径就会扩大。当我们做到了这一点时，我们就会得到很多尊重，而这正是多年以来我们心心念念想要得到的东西。比如我们学着去认识那些虽然对我们有吸引力但又很"神秘"的人，比如我们认真倾听内心容易被我们忽视的声音。因为那个时候我们就会达到一个新的层次，获得让我们继续前进的启示。在我们前进的道路上以及进步的过程中，我们既温柔又强韧的力量中蕴含的全部潜能就会涌现出来。

当我们不再与别人相比，不再追求别人的目标，而是鼓起勇气用爱去正视自己内心的强韧时，我们会看到一个朴实无华的、充满力量的真相：

你原本就很好——温柔、敏感又强韧！

▌ 致 谢 ▐

你应该可以想象到，我属于那种会写出一篇详细的、带有个人感情的致谢词的作者。我虽然是这本书的作者，但也有很多支持者。他们是给我写作动机，为我说话，让我拥有勇气的人。那么现在我将对他们表达感谢：

首先我要向我的父母致以最衷心的感谢，他们给了我生命，在我成长的过程中总是把最好的给我。对此我永生难忘。我的母亲每天都在用爱和无微不至的关怀陪伴、支持着我和我的家庭，并照料我的两个女儿，不论是在心灵方面还是日常生活方面。这是一份巨大的礼物。在我决定写这本书之前不久，我的父亲让我明白了，我必然会将我内心的想法付诸实践——完全不用顾及他是否认可这些想法。我应该对他表示深深的感谢，尽管在过去的几年中我们之间有很多矛盾和冲突，彼此的观念也有很大分歧。

我要向我的丈夫史蒂芬·佐斯特以及我的两个女儿致以最高的感谢和赞美。如果没有他们，我就无法完成这本书的写作。史蒂芬让我坚定了信心，他也一路陪伴着我。他不仅要照顾生意，还要照顾孩子们，做家务，购物……几乎所有事都是他在做，我一连几个月都没有时间去顾及这些。他忍受着我的脾气和我的"缺席"，在我意志消沉的时候，他能够充满正能量地为我打气加油。他会听我唠叨，和我一起读书，谈论专业话题，可是我却很少关注他的事情。他给予我无尽的爱与顺从！谢谢！

我那两个既敏感又坚强的小姑娘也对这一切欣然接受，经常毫无怨言地接受妈妈不能陪她们的事实，有些时候甚至能接受妈妈没空给她们晚安之吻——因为我经常在晚上写作，通过电话、视频聊天与人联络。

我现在要感谢的就是这些人了。因为如果没有他们的鼓励，我也无法完成这本书：

迈克尔·杰克博士，高度敏感信息研究联合会主席，他动员协会的成员们为我提供支持，分享自己的故事。非常感谢他的支持和信任。也衷心感谢我的"高度敏感者网络"，感谢成员们的评估、对话、提供的资讯和启发！

接下来要感谢的是在我的书中分享个人经历的人们，谢谢你们！你们非常慷慨。因为如果没有你们，就不会有这本书。多亏了你们，这本书才能描绘出一幅有关高度敏感者的全面图景，才能成为一部非常棒的充满感情的工具书。感谢你们的信任、勇气、坦诚，感谢你们付出宝贵的时间和耐心。由于书的篇幅有限，有些人的故事我没有收录，也感谢你们的理解！

还有"我的"专家们，在此，我向你们致以最诚挚的感谢，感谢你们对这个项目的支持。许多不同的启发、观点、经历和视角让这本书成为真正的灵感宝藏。这个宝藏被一个非同寻常的出版社带到市场上。和 GABAL 出版社的合作非常愉快，我感谢所有参与者以及整个团队——出版社的同仁们以及所有相关人员。你们真的很棒！我还要感谢乌特·弗洛肯豪斯，她不仅教给我图书市场的运行规则，还把这本书纳入出版计划，在成书过程中，她一直都是我值得信赖的伙伴——给我清晰、直接的鼓励。感谢她的指导！我还要感谢安可·施尔德老师，她跟我一起对文章进行推敲打磨，还给了我一些很好的启发。

我还要感谢我的朋友们，她们从一开始就鼓励我写这本书。感谢他们理解我，我突然消失几个月，与我再见时他们仍能给我一贯的支持和友情。感谢你们的陪伴！还有很多我要感谢的事。我要感谢在写作过程中认识的人，以及我将要认识的人。感谢家长委员会的团队，他们总是按照有利于我的方式分配任务。感谢为本书所做的祈祷和祝福。感谢所有人——每一个在这条路上支持我、鼓励我的人。

最后，同样重要的是：我要感谢每一位读者。因为我的愿望是，将本书讲述的内容传播到整个世界！让我们完成敏感而强韧的转变，利用正念，和谐共处。我期待大家的反馈。

希望这本好书能帮你开启愉快的旅途！感谢这段时间的认真写作。期待听到你的声音，请让我们知道你的路通往何方，你在路上会遇到什么。

图书在版编目（CIP）数据

高度敏感的力量 /（德）卡特琳·佐斯特著；魏萍译 . -- 成都：四川人民出版社，2019.2
ISBN 978-7-220-11095-5

Ⅰ.①高… Ⅱ.①卡… ②魏… Ⅲ.①感受性 - 通俗读物 Ⅳ.① B842.2-49

中国版本图书馆 CIP 数据核字 (2018) 第 259785 号

四川省版权局
引进版权登记备案号
图 进：21-2018-441

Published in its Original Edition with the title
Zart im Nehmen: Wie Sensibilität zur Stärke wird
Author: Kathrin Sohst
By GABAL Verlag GmbH
Copyright © GABAL Verlag GmbH, Offenbach
This edition arranged by Beijing ZonesBridge Culture and Media Co., Ltd.
Simplified Chinese edition copyright © 2019 by Post Wave Publishing Consulting(Beijing)Co., Ltd.
All Rights Reserved.

GAODU MINGAN DE LILIANG

高度敏感的力量

著　者	[德]卡特琳·佐斯特
译　者	魏　萍
选题策划	后浪出版公司
出版统筹	吴兴元
特约编辑	曹　可
筹划出版	银杏树下
责任编辑	杨　立　罗　爽
装帧制造	墨白空间
营销推广	ONEBOOK

出版发行	四川人民出版社（成都槐树街 2 号）
网　址	http://www.scpph.com
E - mail	scrmcbs@sina.com
印　刷	北京天宇万达印刷有限公司
成品尺寸	165mm × 230mm
印　张	20
字　数	262 千
版　次	2019 年 2 月第 1 版
印　次	2019 年 2 月第 1 次
书　号	978-7-220-11095-5
定　价	49.80 元

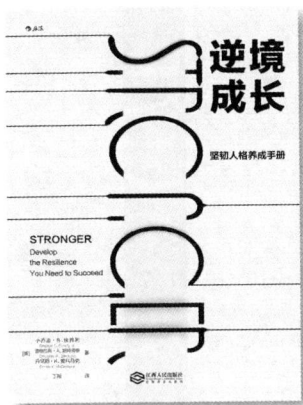

《逆境成长》

编　　者：[美]小乔治·S.埃弗利

道格拉斯·A.斯特劳斯

丹尼斯·K.麦科马克

译　　者：丁瑶

书　　号：978-7-210-10019-5

出版时间：2018.3

定　　价：38.00元

在危机中看到机会，

在颓废的环境中越挫越勇。

内容简介

垄断冰球金牌近三十年，苏联队为何会败给一群刚毕业的美国大学生？

是什么让四肢瘫痪的拉莫菲尔德康复起来，甚至完成了南极马拉松？

又是什么成就了"罗塞托效应"这一医学奇迹？

在这本书中，你都能找到答案。

本书的三位作者分别是临床医生、企业家和战斗英雄。他们通过科学分析，学术及历史的回顾，结合个人阅历和观察，终于得出了坚韧人格的五个要素：积极型乐观主义、果断的行动力、道德罗盘、顽强不屈和人际支持。通过本书，你能获得受益终生的能力，它能帮你抵御挫折和极端压力，并在最艰难的挑战中获得胜利，发现隐藏的机会，发掘身心能量，拥有更加幸福美满的人生。书中介绍的方法可以应用于职场、急救服务、灾难救助、军事及生活中的各个领域，能让每个人从中获益。更重要的是，本书适用于所有年龄段的读者。那么就让这本书为你带来竞争优势，并助你取得最高的成就吧！

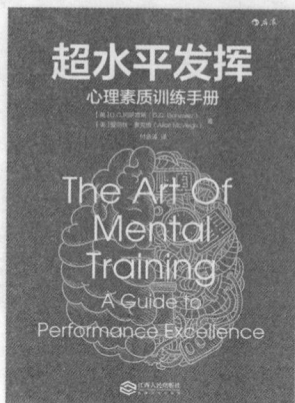

《超水平发挥》

编　　者：〔美〕D. C. 冈萨雷斯

爱丽丝·麦克维

译　　者：付金涛

书　　号：978-7-210-10221-2

出版时间：2018.6

定　　价：36.00 元

三分钟激发潜能，打造心态"必胜法"

内容简介

这是一本上由一位性格非常独特的专家写就的追求卓越的指南。在这本简单易懂的书中，作者运用自己令人着迷且常常充满刺激的人生经历（曾担任海军飞行员、联邦特工、军事网络安全专家、巴西柔术黑带和巅峰表现教练），解释那些必须具备的心理技巧，从而在教与学之间搭建起了一种强大的连接。

简言之，在这本书中，作者会以一种简单易懂的方式，教你如何保持冠军的心态，获得心理上的优势。教你如何做好出类拔萃的准备，如何在学习、练习、运用这些强大的概念和经过反复验证的技巧时，做到将比赛抛诸脑后。

《无压力社交》

编　　者：[英]吉莉恩·巴特勒

译　　者：程斯露

书　　号：978-7-5113-7733-3

出版时间：2018.10

定　　价：45.00 元

一本写给"社交恐惧"人士的自助指南

内容简介

习惯闪避别人的视线，尽量避免与人接触？

觉得有人在看着自己，并会停下手中在做的事？

在进入一个满是人的房间前，需要别人的陪同？

种种迹象表明，你可能产生社交焦虑了。

在本书中，作者剖析了什么是社交焦虑，并系统介绍了一套适用于所有人的方法，即减少自我关注、改变思维模式、改变行为模式，并在最后一部分补充了对特定人群有用的建议。

作者认为，社交焦虑是一种常见的、非病理性的现象。社交焦虑者们只是倾向于把情况想得很糟糕，本身并不缺乏优点，甚至还很讨人喜欢。所以，为了发挥个人优势，拥抱未来的美好生活，我们都应该了解自己在这方面存在哪些问题，以及哪些努力是徒劳的，从而让自己更自在地社交。